일하는
수학

수학으로 일하는 기술

일하는 수학

시노자키 나오코 지음 | 김정환 옮김

타임북스
T·IME BOOKS

머리말

25가지 '직업'의 사례를 통해
이해하는 수학의 진짜 활용법

'대체 무엇을 위해서 수학을 공부하는 걸까?'

독자 여러분도 수학을 공부하면서 한 번쯤은 이런 의문을 떠올렸을 것이다. 수학 성적이 좀처럼 오르지 않을 때, 수업 내용을 이해할 수 없을 때, 수많은 공식에 짜증이 났을 때, 수학에 대해 부정적인 기분이 싹텄을 때 떠오르는 의문이다. 나도 딸을 키우면서 '언제쯤 이 질문이 나올까?' 하고 내심 마음을 졸이고 있다.

여러분은 이 질문에 뭐라고 대답하겠는가?

"사회에 도움이 되니까"
"논리적인 사고력이 몸에 배니까"
"입시에 필요하니까"

어떻게 생각하면 수긍이 가지만, 또 어떻게 생각하면 석연치 않은 대답들이다. 이렇게 말하면 어떤 사람은 "사칙연산만 할 줄 알면 먹고사는 데는 지장이 없잖아? 인수 분해나 삼각 함수, 미적분 같은 건 몰라도 상관이 없는데 왜 배워야 하는 거지?"라고 반론할 것이다. 수학이 사회 속에서 구체적으로 어떻게 도움이 되고 있는지 확인하기 어려운 것도 이런 질문이 나오는 한 가지 원인일지 모른다.

나는 수학과를 졸업하고 중학교와 고등학교에서 수학을 가르쳤는데, 그때 수험생을 응원하는 라디오 방송의 어시스턴트를 했던 것을 계기로 아나운서가 되었다. 아나운서는 다양한 업종의 사람들을 접할 기회가 있는 직업이다.

내 경력을 안 사람들은 "전 수학은 중학교 때 이미 포기했습니다", "수학을 잘하는 사람을 보면 부럽습니다"라는 말을 한다. 역시 수학에 부담감을 느끼는 사람이 많음을 느끼는데, 한편으로 "수학을 못하다 보니 일할 때 힘이 드네요. 설마 제 직업에 수학이 필요할 줄은 생각도 못했습니다", "수학을 잘하면 좀 더 효율적으로 일할 수 있을 텐데……." 등 사회에 진출한 뒤에 수학의 필요성을 절감한 사람이 의외로 많다는 사실도 깨달았다. 놀라운 점은 이과 계열이 아닌 직업에 종사하는 사람에게서도 이런 말을 종종 듣는다는 것이다.

이를 통해 '어쩌면 수학은 내가 생각도 못했던 곳에서 사용되고 있는지도 몰라. 그것을 안다면 수학을 배우는 이유가 조금은 구체적으로 보이게 되지 않을까?'라고 생각한 나는 다양한 직업 속에서 사용되고 있는 수학에 흥미를 느끼기 시작했다.

그렇게 생각하면서 나 자신을 되돌아보니, 나 역시 언뜻 이과와는 전혀 관계가 없어 보이는 아나운서라는 직업에 몸담고 있지만 수학을 공부했던 경력의 도움을 크게 받고 있음을 깨달았다. 수학을 공부한 것이 강점이 되어 이과 또는 교육 계열의 방송이나 이벤트의 사회를 맡기도 했고, 중학생을 대상으로 한 수학 방송의 대본을 집필하고 강사로 출연한 적도 있다.

대담 등의 인터뷰 일을 할 때는 상대에게 듣고 싶은 대답을 어느 정도 정해 놓고 진행하는 경우가 있다. 제한된 시간 속에서 듣고 싶은 대답을 이끌어내는 과정은 수학의 증명법과 매우 유사하다. 가정에서 결론으로 이끄는 다양한 경로를 머릿속에 떠올리고 '어떤 경로(증명법)가 가장 알기 쉬우면서 우아할까?' 등을 생각하며 인터뷰를 진행하는 내 머릿속의 사고 회로는 수학의 증명 문제를 풀 때와 거의 차이가 없다.

그 밖에도 시간이 정해져 있는 생방송에서 방담의 얼개를 짜거나 시간 배분을 하려면 계산이 꼭 필요하고, 방송 중에 이야기의 흐름을 바꾸거나 할 때는 다양한 각도에서 사물을 바라보는 수학적인 사고법이 도움이 된다고 느낀다.

수학은 결코 계산이나 공식만의 학문이 아니다(물론 계산이나 공식도 중요하다. 사회에 도움이 되고 있는 공식도 많다). 그것을 생각해 나가는 사고법 자체도 직업 속에서 활용되고 있다. 이 책에서 나는 실제 직업 현장에서 수학이 어떻게 사용되고 있는지를 소개했다. 다만 각 직업의 전문 지식이나 수학 지식에는 어려운 내용도 많이 포함되어 있다. 그래서 이 책에는 직업 속에서 사용되고 있는 수학 이론을 가급적 알기 쉽게 전하기 위해 비유적인 표현을 사용하거나 알기 쉽게 설명한 부분이 있다. 엄밀성에 관해서는 미리 양해를 구하고자 한다.

전면에서든 이면에서든 수학이 직업을 뒷받침하고 있는 부분이 있음은 분명하다. 이 책을 계기로 여러분이 수학에 흥미를 느낀다면 기쁠 것이다.

이 책에서는 폭넓은 직업을 바탕으로 수학이나 계산이 실제 사회에서 어떻게 활용되고 있는지 소개했다. '의외로 우리 주변에서 수학이 사용되고 있구나'라고 느낀 사람도 많지 않을까 싶다. 책을 읽고 수학이나 산수에 흥미를 느낀 독자는 수학 검정·산수 검정에 꼭 도전했으면 한다.

시노자키 나오코

차례

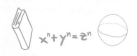

$\sin\theta$

자유자재로
웨이브를 만든다

원주율

헤어 디자이너

⋯⋯ 내 머리카락은 흔히 천연 파마라고 부르는 심각한 곱슬머리다. 어렸을 때부터 곱슬머리가 콤플렉스여서 직모인 사람이 그렇게 부러울 수가 없다. 지금도 정기적으로 스트레이트 파마를 하지만 가끔은 웨이브 파마를 할 때가 있는데, 그때마다 천연 곱슬머리와는 명백히 다른 아름다운 웨이브에 매번 감동하게 된다.

헤어 디자이너는 전체적인 균형을 생각하며 적절한 크기의 롯드를 선택해, 둥근 통 모양의 크고 작은 롯드에 머리카락을 착착 감는다. 남성들은 잘 모르겠지만, 파마가 다 되어 롯드를 뺐을 때 멋진 나선을 그리는 웨이브는 그야말로 예술적, 아니, 수학적이다. 풀었다 조였다 하면서 고객의 요구대로 웨이브를 만들어 주는 헤어 디자이너의 솜씨를 보면 마치 마술을 부리는 것 같다. 그런데 이 아름다운 웨이브를 만드는 파마도 수학이 관련되어 있다.

? 파마는 단순 작업?

　미용실에서 여성 고객이 인기 헤어 디자이너에게 파마를 받고 있다. 오늘은 과감하게 이미지를 바꾸려고 웨이브 파마를 하는 모양이다. 헤어 디자이너가 머리카락을 빠르게 롯드에 감는다. 그런데 헤어 디자이너는 능숙한 손놀림도 중요하지만 수학의 지식도 필요한 직업이다. 놀랍게도 파마는 원주율과 관계가 있기 때문이다.

> 원주율이란?
> '지름의 길이에 대한 원의 둘레(원주)의 길이의 비율'이다. 즉, '원의 둘레의 길이가 지름의 길이의 몇 배인가?'를 나타내는 값이다.
> 식으로 나타내면,
> **원의 둘레의 길이 ÷ 지름의 길이 = 원주율**

📖 원주율이란?

　원주율의 값은 3.14159265358979323846⋯⋯과 같이 소수점 밑으로 0이 아닌 수가 무한히 계속된다. 지금으로부터 약 2,200년 전에 아르키메데스가 약 3.14임을 구한 이래 현재 소수점 아래 13.3조 자리까지 계산이 되어 있으며, 매일 자릿수가 갱신되고 있다.

　초등학교에서는 원주율을 '3.14', 중학교에 들어가면 'π(파이)'로 배운다.

　원주율을 사용하면 원의 둘레의 길이나 원의 넓이를 구할 수 있고, 구(球)의 겉넓이나 부피도 구할 수 있다.

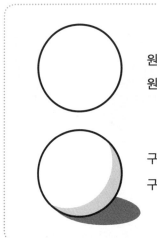

원의 둘레의 길이＝지름의 길이×π

원의 넓이＝반지름×반지름×π

구의 겉넓이＝4×반지름×반지름×π

구의 부피＝$\dfrac{4}{3}$×반지름×반지름×반지름×π

예를 들어 반지름의 길이가 5cm인 원이라면 원주율이 3.14라고 했을 때 원의 둘레의 길이는 2×5×3.14＝31.4(cm), 넓이는 5×5×3.14＝78.5(cm²)가 된다.

⌐····· 파마와 원주율의 관계

원주율과 파마 사이에는 어떤 관계가 있을까?

파마를 할 때는 파마에 사용하는 약제와 롯드의 크기, 그리고 롯드에 감을 머리카락의 길이를 어떻게 결정하느냐가 중요하다. 지름 40mm의 웨이브를 내고 싶다고 해서 그대로 지름 40mm인 롯드에 감으면 되는 것이 아니며, 약제나 고객의 머릿결에 따라 웨이브가 다르게 나오기 때문에 그때그때에 따라 세밀한 조정이 필요하다고 한다. 이런 것을 보면 파마의 세계는 참으로 오묘하다.

지름 20mm의 롯드를 사용할 때 머리카락을 한 바퀴 감는 데 필요한 머리카락의 길이를 구해 보자. 원주율을 이용해서 지름 20mm인 원의 둘레의 길이를 구하면 되므로 길이는 20×3.14＝62.8(mm)이다. 이 수치를 바탕으로 고객의 머리카락 길이를 보고 몇 바퀴를 감을 수 있는지 계산하고, 길이가 부족하다면 지름의 길이가 더 작은 롯드로 바꿀 것을 고려한다. 물론 전문가가 되면 경험과 감각으로 처리할 때가 많으므로 매번 원주율을 사용해서 계산하지는 않는 듯하지만, 이론을 알고 있는 것과 모르는 것은 차이가 크다고 한다.

그 밖에도 헤어 디자이너가 하는 일 중에는 수학과 관련된 것이 많다. 특히 비율은 현장에서도 자주 사용하는 모양이다. 염색제나 파마약은 일정한 비율로 섞어야 하며, 머리숱을 치는 틴닝 가위도 가위에 따라 절삭률이 다르기 때문에 고객의 머리숱이나 만들고자 하는 헤어스타일에 따라 적합한 가위를 사용한다고 한다.

헤어 디자이너가 하는 일에 이렇게나 수학이 관련되어 있었다니! 점점 헤어 디자이너가 존경스러워진다.

원주율은 미용실뿐만 아니라 생활 속의 다양한 상황에서 사용되고 있다. 청혼이라는 인생의 중요한 순간에 꼭 필요한 아이템인 반지를 만들 때도 원주율이 사용된다. 지금 반지를 끼고 있다면 반지를 빼서 안지름의 길이를 잰 다음 그 안지름의 길이에 3.14를 곱해 보기 바란다. 그것이 여러분의 손가락 둘레 길이다.

지금부터 소개할 이야기는 내가 매우 존경하는 수학자인 네가미 세이야 선생과 과학 길라잡이인 사쿠라이 스스무 선생이 텔레비전에서 이야기한 내용을 가미한 것이다.

자동차의 타이어를 만들 때도 원주율이 매우 중요한 역할을 한다. 원주율의 값이 정확하지 않으면 타이어가 원활하게 구르지 못해 안전성과 주행성에 악영향을 끼친다. 그만큼 중요한 값이기 때문에 타이어 제조 회사는 자사가 원주율을 소수점 아래 몇 자릿수까지 사용하는지를 기업 비밀로 취급한다고 한다.

볼링공이나 투포환도 원주율의 값을 어떻게 설정하느냐에 따라 모양은 물론이고 무게에도 오차가 생긴다. 경기에서 공의 무게가 다르면 제 실력을 발휘하지 못할 것이다. 투포환을 만들 때 사용되는 원주율은 소수점 아래 9자리, 즉 3.141592653이다. 이 정도로 정확하게 만들어야 하는 것이다.

또한 원주율은 우주 개발 분야에서도 중요한 역할을 한다. 2010년, 일본의 소혹성 탐사기 '하야부사'의 귀환이 화제가 되었다. 2003년 5월 9일 일본 우치노우라 우주 공간 관측소에서 M-V 로켓 5호기에 실려 발사된 뒤 무려 7년 동안 우주를 여행한 끝에 소혹성 이토카와에서 지표 표본을 무사히 가지고 돌아왔다. 하야부사가 지구로 귀환할 수 있었던 데는 정확한 궤도 계산이 큰 몫을 했다. 물론 하야부사의 궤도 계산에도 원주율이 사용되었다. 지구로부터 약 3억 km나 떨어진 우주에서 지구로 돌아오기 위해서는 상당히 정밀한 궤도 계산이 필요했다. 1km에 대해 1mm의 오차가 있다고 가정하자. '굉장히 정확하네?'라고 생각할지 모르지만, 그 거리가 3억 km라면 오차도 300km에 이른다. 일상생활에서는 신경 쓸 필요가 없는 오차도 우주 규모의 계산에서는 생명과 직결되는 것이다. 실제로 하야부사를 개발할 때는 원주율을 소수점 아래 15자리까지 사용했다고 한다.

그 밖에 로켓의 궤도 수정에도 원주율이 사용되는 등, 원주율은 그야말로 '생명도 구하는 놀라운 값'이라고 할 수 있다.

✏️ 언제 배울까?

한국에서는 초등학교 6학년 1학기 때 원의 넓이를 구하는 법을 배우는데, 이때 원주율을 같이 배운다. 초등학교에서는 원주율을 반올림하여 3.14로 나타내고, 중학교 1학년이 되면 원주율을 π로 나타낸다. 원주율은 우리와 가장 가까운 값이다. 수학뿐만 아니라 물리, 과학은 물론이고 건축, 예술, 공업, 날씨 등 온갖 분야에 존재한다. 만약 이 세상에 원주율이 없었다면 세상은 크게 다른 모습이 되었을지도 모른다.

지금도 전 세계의 연구자들이 원주율의 매력에 푹 빠져 연구를 계속하고 있다. 여러분도 원주율의 매력에 빠져 보면 어떨까?

문제1

바퀴의 지름이 45cm인 외발자전거가 있다. 이와 관련해 다음의 질문에 대답해 보시오. (단, 원주율은 3.14로 계산한다.)

(1) 이 외발자전거의 바퀴가 1회전하면 몇 cm를 전진할까?

(2) 이 외발자전거로 지름 18m인 원의 둘레를 한 바퀴 돌 때 바퀴는 몇 회전을 할까?

두 문제 모두 초등학교에서 배우는 지식만으로 풀 수 있어.

세심한 서비스

간단한 자료의 통계

우산 없이 외출했는데 갑자기 비가 내리기 시작했을 때, 저녁 식사를 만들기 시작했는데 조미료가 다 떨어졌음을 깨달았을 때, 밤늦게 출출할 때. 이럴 때면 나는 가까운 편의점으로 달려간다. 편의점은 식품부터 문구, 우산에 복사기까지 없는 게 없는 참으로 편리한 곳이다.

그런데 다른 지점을 가거나 평소와 다른 시간대에 가 보면 늘 사던 상품이 진열되어 있지 않거나 다 팔렸을 때가 있다. 이것은 우연히 일어난 일이 아니라 POS 데이터 분석을 통해 상품의 매입을 조절하기 때문에 일어난 일인지도 모른다. 편의점 등에서는 POS 데이터를 분석하고 활용함으로써 불필요한 재고를 없애고 판매 기회를 놓치는 일을 줄이고 있다.

그런데 POS 데이터란 무엇일까? 여기에서는 수학을 이용해 편의점의 이면을 분석해 보도록 하겠다.

POS는 '포인트 오브 세일(Point of Sales)'의 약자다. 직역하면 '판매 시점'인데, 매출 데이터라고도 부른다. 슈퍼마켓이나 편의점의 상품에는 반드시 바코드가 붙어 있는데, 계산대에서 바코드를 읽으면 자동으로 합계 금액이 표시된다. 또 계산대에서 돈을 내면 영수증이 나온다.

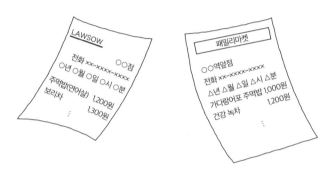

독자 여러분도 영수증을 받아서 상품명과 금액을 확인한 적이 있을 것이다. 영수증에는 그 밖에도 중요한 정보가 담겨 있다. 위의 영수증 두 장을 잘 들여다보면 상품명과 금액 외에도 가게의 주소와 상품이 판매된 일시가 적혀 있다. 편의점에서는 점원이 계산을 할 때 고객의 성별과 세대를 추측해서 입력하는 경우도 있다. 이 판매 데이터로 '어떤 상품'이 '언제', '어디서', '어떤 고객층에게', '얼마'에 판매되었는지를 알 수 있는 것이다.

그렇게 해서 모인 모든 점포의 매출 데이터는 프랜차이즈 체인 본사로 보내진다. 본사는 수집한 데이터를 활용하고 분석해 점포의 경영이나 상품 구성 등에 도움이 되도록 활용한다.

간단한 자료의 통계란?

수집한 데이터를 표나 그래프로 정리하면 특징을 파악하기가 쉬워진다. 어떤 초등학교 학생들의 50m 달리기 기록을 살펴보자.

초등학생 15명이 달린 기록이 그림1이다. 다만 이 상태로는 특징이 보이지 않으므로 기록을 1초 간격으로 나눠서 각 구간(계급)에 들어가는 인원수를 그림2처럼 표시해 보았다.

◆ 그림1

번호	기록(초)	번호	기록(초)
1	7.4	9	9.4
2	9.4	10	8.3
3	9.3	11	10.5
4	8.3	12	8.6
5	6.9	13	8.7
6	8.5	14	9.7
7	8.3	15	7.9
8	7.7		

◆ 그림2

시간(초)	도수(명)
이상 미만 6.0~7.0	1
7.0~8.0	3
8.0~9.0	6
9.0~10.0	4
10.0~11.0	1
합계	15

이와 같은 표를 도수 분포표라고 한다.

> 도수 분포표란?
> 자료를 몇 개의 구간으로 나눠서 정리한 표. 이 구간을 계급, 구간의 폭을 계급의 크기, 각 계급에 들어가는 자료의 개수를 그 계급의 도수라고 한다.

도수 분포표를 만들면 데이터를 그냥 봐서는 알 수 없었던 특징이 보이게 된다.

특징1 8초대로 달린 학생이 가장 많다
특징2 8초대에서 멀어질수록 학생의 수가 줄어든다

이번에는 그림2의 도수 분포표를 그래프로 만들어 보자. 시간을 가로, 인원수를 세로로 하는 직사각형 막대를 순서대로 나열하면 앞에서 이야기한 특징이 더욱 또렷하게 보인다. '8초대인 학생의 수는 7초대의 약 두 배구나'라고 직감적으로 파악할 수 있을 것이다. 이와 같이 직사각형 막대를 늘어놓아서 나타낸 그래프를 히스토그램이라고 한다(그림3).

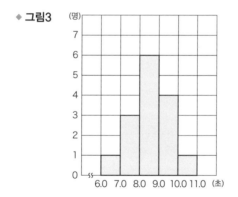

◆ **그림3**

히스토그램이란?
위 그림과 같이 가로가 계급의 크기, 세로가 도수인 직사각형 막대를 나열해 표시한 그래프

히스토그램으로 만들면 데이터가 어떤 값을 중심으로 어떻게 퍼져 있는지 쉽게 알 수 있다. 8초대인 학생은 전체에서 얼마나 될까? 8초대의 인원수를 전체 인원수로 나눠 보자.

$\frac{6}{15} = 0.4$다. 학생의 40%가 8초대로 달렸음을 알 수 있다.

각 계급의 도수의 전체 도수에 대한 비율을 상대 도수라고 한다.

$$(상대 도수) = \frac{(각 계급의 도수)}{(도수의 합계)}$$

다양한 정보를 해석하다

다시 편의점 이야기로 돌아가자. 두 영수증은 제조업체와 내용물은 다르지만 주먹밥과 페트병에 든 차를 산 것이다. 전국 규모의 프랜차이즈 체인점의 경우는 가령 점포의 입지 조건이나 시간대로 분류해 보면 특징적인 경향이 드러난다.

다음에 나오는 대형 빌딩가에 입지한 점포 A와 주택가에 입지한 점포 B의 시간대별 매출에 관한 도수 분포표를 비교해 보자.

대형 빌딩가의 점포에서는 아침 출근 시간대와 점심시간의 매출이 많고, 주택가에서는 저녁부터 밤에 걸쳐 매출이 많았다. 주먹밥은 유통기한이 짧으므로 대형 빌딩가의 점포에서는 점심시간 전에, 주택가의 점포에서는 저녁 전에 많이 준비해 놓는 것이 좋음을 알 수 있다.

또 집계 방법에 따라서는 어떤 상품이 어느 점포에서 잘 팔리고 있는지 조사할 수도 있다.

◆ **시간대별 매출**

시간대	점포A(대형 빌딩가)	점포B(주택가)
0–3시	475만 원	525만 원
3–6시	1,185만 원	315만 원
6–9시	9,625만 원	5,160만 원
9–12시	1억 665만 원	7,510만 원
12–15시	1억 2,605만 원	1억 975만 원
15–18시	8,020만 원	1억 2,465만 원
18–21시	5,465만 원	1억 135만 원
21–24시	1,960만 원	2,915만 원

◆ **점포A의 품목별 매출표**

품목	예	매출(1일)	상대 도수
데일리 식품	도시락, 주먹밥, 빵 등	166만 원	0.33
가공 식품	과자, 조미료, 음료수 등	139만 원	0.28
비식품	신문, 잡지, 담배 등	169만 원	0.34
서비스	커피, 팩스, 택배 등	26만 원	0.05

앞에서는 상품과 점포를 고정시키고 3시간별로 매출액을 집계했는데, 이번에는 점포만을 고정시키고 상품별 매출액을 집계했다. 상대 도수를 사용하면 전체에서 차지하는 비율을 알 수 있다. 표를 보면 '비식품'이 의외로 커다란 비율을 차지했다.

여러분도 같은 프랜차이즈 체인의 점포인데 장소에 따라 상품 구비가 다름을 느낀 적이 있을 것이다. 가령 주택가의 편의점에서는 채소 등의 신선 식품을 팔고, 대형 빌딩가의 편의점은 문구를 충실하게 갖

◆ 시간대별 매출액

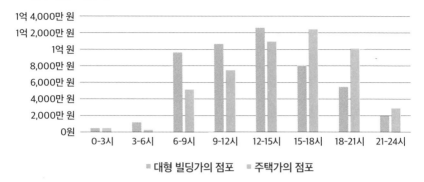

■ 대형 빌딩가의 점포　　■ 주택가의 점포

쳐 놓고 있고, 고령자가 많은 지역의 점포는 반찬 종류를 많이 진열하는 식이다. 매출 데이터에 포인트 카드나 IC 카드로부터 얻은 정보를 정리함으로써 이용자의 니즈에 부응한 세심한 상품 또는 서비스를 개발하는 것이다.

매출 집계표는 숫자만 잔뜩 나열되어 있어서 한눈에 알아보기가 어려운데, 컴퓨터의 표 계산 소프트웨어를 이용하면 그래프로 나타내어 시각적으로 표현할 수도 있다. 앞에서 소개한 시간대별 매출에 관한 도수 분포표를 바탕으로 시간대가 가로, 매출이 세로인 직사각형을 순서대로 나열해 그린 히스토그램이다. 표의 수치만을 읽을 때보다 직감적으로 이해하기가 쉬워졌다. 가로와 세로로 설정하는 데이터의 종류나 범위를 바꾸면 다양한 정보를 해석할 수 있다.

아래 그래프는 아이스크림 매출액으로 시간대가 아니라 기간을 가로로 설정하고 3년분의 매출을 비교할 수 있게 만든 것이다. 아이스크림이나 맥주는 여름철에 매출이 많고 오뎅이나 1회용 손난로는 겨울철 상품임은 두말할 필요도 없지만, 이렇게 시각적으로 파악하면 의외의 계절에 잘 팔리는 상품이 발견되곤 한다.

◆ **아이스크림 매출액**

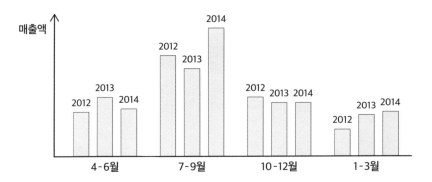

🔍 ⋯⋯그 밖의 이용

도수 분포표나 히스토그램은 다양한 장소에서 활용되고 있다. 특히 히스토그램은 공적 기관이 공표하는 통계 데이터에서 꺾은선그래프나 원그래프와 함께 자주 사용된다.

제조 현장에서는 제품의 품질을 관리하는 것이 매우 중요하다. 제조 공정에 숨어 있는 문제를 발견해서 그 원인을 조사하고 대책을 마련해 문제가 해결되었음을 확인해야 한다. 이를 위해 QC(Quality Control)라는 품질 관리 수단이 있으며, 여기에도 히스토그램이 사용된다.

한국에서는 막대그래프, 꺾은선그래프, 원그래프 등을 초등학교 에서 배우고, 중앙값에 대해서는 최빈값과 함께 중학교 3학년 2학기 때 배운다. 도수 분포표나 히스토그램은 중학교 1학년 2학기 때 배운다.

'간단한 자료의 통계'는 통계학의 기초가 되는 단원이다. 통계학은 다양한 직업에서 이용되고 있으니 확실히 공부하자.

문제 1

아래의 자료는 열 명의 수학 시험 점수를 나타낸 것이다. 이것을 보고 다음 질문에 대답하시오.

> 82, 73, 80, 91, 84, 83, 80, 78, 68, 98

(1) 평균을 구하시오.

(2) 중앙값을 구하시오.

중앙값은 위에서부터 나열했을 때 5번째와 6번째의 평균이 돼.

문제 2

이 표는 2015년 1월 1일 기준 일본의 인구를 연령 계급별로 정리한 것이다. 이 표를 보고 알 수 있는 사실을 전부 고르시오.

연령(5세 계급), 남녀별 인구

연령 계급	2015년 1월 1일 기준 인구 (단위 만 명)		
	계	남	여
0~4세	522	267	254
5~9	530	271	259
10~14	570	292	278
15~19	599	306	292
20~24	621	319	302
25~29	662	339	323
30~34	742	376	365
35~39	859	435	424
40~44	982	497	485
45~49	864	435	429
50~54	784	393	391
55~59	762	379	384
60~64	882	433	449
65~69	932	449	482
70~74	792	368	424
75~79	629	278	351
80~84	488	195	293
85세 이상	482	143	339

참고: 일본 통계국 홈페이지

① 남녀별 합계는 남성이 더 많다.

② 85세 이상의 합계 인구는 482명이다.

③ 사망률이 가장 높은 연령 계급은 0~4세다.

④ 일본의 총인구는 1억 3,000만 명 미만이다.

⑤ 40세가 넘으면 연령 계급이 높아짐에 따라 계급 인구가 감소한다.

⑥ 남성 인구가 가장 많은 연령 계급과 여성 인구가 가장 많은 연령 계급은 같다.

⑦ 50~54세 연령 계급의 인구는 남녀를 합쳐서 784만 명이다.

⑧ 0~14세와 60~74세 남녀 인구의 합계를 비교하면 인구는 남녀 모두 60~74세가 더 많다.

⑨ 어떤 연령 계급을 비교하든 남성의 인구는 여성의 인구보다 많다.

갓 삶은 파스타를
먹고 싶다

PERT법

나는 밖에서는 아나운서이지만 집으로 돌아가면 남편과 딸이 있는 주부다. 맞벌이여서 남편도 같이 집안일을 하지만 그래도 집안일이 부담될 때가 있다. 청소에 빨래, 요리, 장보기……. 별 생각 없이 세탁기를 돌리고는 '아차, 장을 보러 가야 했는데! 빨리 좀 끝나라.'라며 발을 동동 구르기도 하고, 청소를 잘 못하니까 잘하고 싶은 마음에 한 곳의 청소에 몰두하다 조림을 바짝 태우는 등 집안일이 서툴다. 너무 바쁠 때는 이따금 전부 내팽개치고 도망치고 싶다는 생각에 사로잡히기도 한다.

그런데 이렇게 정신없는 집안일도 수학의 힘을 빌리면 상당히 매끄럽게 할 수 있게 된다. 실제로 나는 이 방법을 실천한 뒤로 상당히 요령 있게 집안일을 할 수 있게 되었다.

주부 A씨는 퇴근이 늦은 남편의 귀가 시간에 맞춰 따뜻한 저녁
밥을 준비하려 한다. 저녁 메뉴는 남편이 좋아하는 미트 소스 스파게
티로 결정했다. 그런데 남편에게서 30분 후에 도착한다는 전화가 온 게
아닌가. A씨는 즉시 요리 준비에 들어갔다. 먼저 파스타를 삶기 시작하
고, 이어서 소스를 만들기 시작했다. 그런데 문제가 생기고 말았다. 소
스를 만드는 데 의외로 시간이 많이 걸리는 바람에 파스타를 너무 푹
삶아 버린 것이다! 저번에는 소스를 먼저 만들었더니 파스타가 다 익었
을 때쯤 소스가 식어 버려서 이번에는 순서를 바꿨는데……. 파스타와
소스를 거의 동시에 완성시킬 방법은 없을까?

이럴 때 PERT법을 사용하면 도움이 된다.

📖 ··· PERT법이란?

PERT법이란 어떤 일에 대해 각 공정의 관련성을 그림으로 나타
내서 작업 시간을 어림하거나 효율화를 모색하기 위한 방법이다. 이때
작성하는 다음과 같은 그림을 'PERT도'라고 한다.

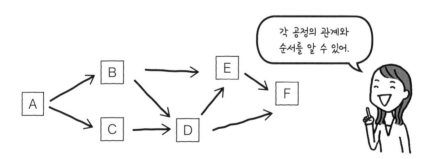

각 공정의 관계와
순서를 알 수 있어.

PERT법의 대략적인 순서는 다음과 같다.

1. 필요한 공정을 전부 적는다.
2. 각 공정에 걸리는 시간을 적는다.
3. 공정의 순서를 결정한다.
4. PERT도를 작성한다.
5. PERT도를 보면서 일정을 결정한다.

특히 네 번째 순서인 PERT도를 작성함으로써 작업의 전체 모습을 알수 있고 '각 공정에 걸리는 시간'과 '시작에서 완성까지 걸리는 최단 시간', '문제가 되는 공정' 등을 한눈에 파악할 수 있다.

예를 들어 어떤 작업을 마치는 데 A, B, C, D, E라는 공정이 필요하다고 가정하자. 각 공정에 걸리는 작업 시간은 A⋯5분, B⋯10분, C⋯3분, D⋯4분, E⋯6분이다. A, B, C의 작업은 A→B→C의 순서대로 진행하지만, D와 E의 작업은 A, B, C의 작업과는 별개로 실시하며 C의 작업을 할 때 합류해 함께 진행한다. 이 작업의 흐름을 PERT도로 나타내 보면 아래의 그림과 같다.

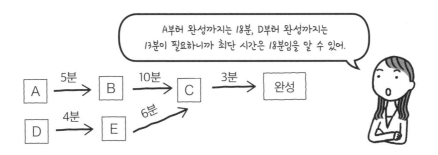

A부터 완성까지는 18분, D부터 완성까지는 13분이 필요하니까 최단 시간은 18분임을 알 수 있어.

그림을 보면 작업 전체에 걸리는 시간은 최단 18분이다. 또 D, E의 작업은 A, B의 작업보다 조금 천천히 진행해도 됨을 알 수 있다.

PERT도를 사용해서 파스타 만들기도 요령 있게

그러면 파스타 만들기에 PERT도를 사용해 보자.

먼저 파스타 만들기의 공정과 걸리는 시간, 공정 순서를 표로 정리해 보자.

공정	소요 시간	선행 공정	후속 공정
① 물을 끓인다	8분	–	②
② 파스타를 삶는다	10분	①	⑫
③ 채소를 썬다	5분	–	⑦
④ 토마토를 데친다	5분	–	⑤
⑤ 토마토의 껍질을 벗긴다	10분	④	⑥
⑥ 토마토를 자른다	3분	⑤	⑨
⑦ 채소를 볶는다	3분	③	⑧
⑧ 저민 고기를 볶는다	3분	⑦	⑨
⑨ 토마토를 볶는다	3분	⑧	⑩
⑩ 케첩을 넣는다	2분	⑨	⑪
⑪ 소금과 후추로 간을 한다	2분	⑩	⑬
⑫ 파스타를 그릇에 담는다	2분	②	⑬
⑬ 소스를 뿌린다	3분	⑫	–

정리한 표를 바탕으로 작업을 분류해 보자.

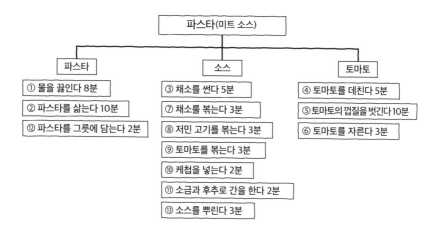

위의 그림을 참고로 PERT도를 작성해 보면 다음과 같다.

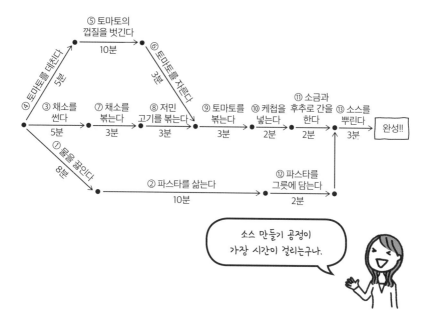

소스 만들기 공정이 가장 시간이 걸리는구나.

PERT도를 보면 전체 공정을 끝내기 위해서는 아무리 빨라도 28분이 필요함을 알 수 있다.

파스타를 삶는 시간과 소스 자체를 조리하는 시간은 거의 같은데……. 아하, 유심히 살펴보니 토마토를 준비하는 데 걸리는 시간과 토마토를 소스에 추가하는 타이밍이 맞지 않는다(④⑤⑥은 18분, ③⑦⑧은 11분). 그래서 소스를 만드는 데 시간이 걸린 것이다. 토마토를 준비하는 타이밍을 궁리하면 개선이 가능할 듯하다.

⚲ ⋯⋯ 그 밖의 이용

PERT도는 집안일부터 몇 개월 규모의 거대 프로젝트에 이르기까지 폭넓게 활용할 수 있다. 작업 전체에 걸리는 시간을 어림하거나 동시에 실행하는 여러 작업 공정 속에서 특히 중요한 작업 공정을 간파해 내는 데 사용되기도 한다.

예를 들어 아파트 등 토목건축 공사의 공정 관리, 제조업의 생산 관리, 신제품 등의 연구 개발, 소프트웨어 개발, 유통, 판매, 광고·마케팅 활동 등의 일정을 짜는 데도 도입되고 있다. 또한 고객 서비스를 향상시킬 때도 PERT도가 도움이 된다.

가령 주유소에서 휘발유를 넣을 경우 어느 정도의 작업 공정이 있고 얼마나 시간이 걸리는지를 PERT도로 나타내 본다. 휘발유 주유에도 여러 공정이 있다. '자동차를 유도해 주유할 수 있는 장소에 정지시킨다', '주유구를 연다', '차창을 닦는다', '재떨이를 비운다', '타이어의 공기압을 확인한다', '계산을 한다' 등등…….

PERT도를 이용하면 어떻게 해야 고객이 주유소에 들어와 휘발유를 넣고 떠날 때까지의 시간을 줄일 수 있을지도 금방 찾아낼 수 있다.

PERT도는 이런 공정을 효율적으로 수행할 수 있게 해 준다.

이와 같이 PERT도를 도입하면 전체적인 모습이 보이고 힘을 줘야 할 포인트와 힘을 덜 줘도 되는 포인트를 알 수 있어 최소한의 노력으로 최대의 결과를 낼 수 있게 된다. 물론 몸은 하나이므로 동시에 여러 가지 작업을 하기는 어려울 경우도 있다. 그럴 경우는 '미리 작업을 해 놓는다', '동시 진행이 가능하도록 시간을 확보한다' 등의 대처 방법을 생각할 수 있다. 여러 명이 작업할 경우는 몇 명이 하면 가장 효율적으로 작업할 수 있는지도 알 수 있다.

언제 배울까?

PERT법은 1958년에 발명된 사고법이다. 한국의 중고등학교에서는 PERT법을 배우지 않지만, PERT법은 사물을 알기 쉽고 단순하게 만들어 준다. 시험 삼아 매일의 생활을 PERT법으로 나타내 보자. 시간이 부족하다고 고민하던 일, 좀처럼 생각대로 진행되지 않는 일 등의 해결책이 될지도 모른다.

몇 명이 몇 가지 작업을 분담해서 할 때 일을 시작해서 끝내기까지 걸리는 시간에 관해 생각해 보자. 예를 들어 작업을 하는 능력이 같은 P, Q의 두 명이 X_1, X_2, Y_1, Y_2, Z의 5가지 작업을 아래의 ①~③의 조건 아래 한다고 가정한다.

---

① 한 가지 작업에 걸리는 시간은 X_1, X_2가 각각 20분, Y_1, Y_2가 각각 15분, Z가 35분이다.

② Y_1은 X_1을 완료해야 시작할 수 있으며, Y_2는 X_2를 완료해야 시작할 수 있다.

③ 한 가지 작업은 한 명이 연속해서 하는데, 작업과 작업 사이에 휴식 시간이 있어도 무방하다.

이때 P, Q가 각각의 작업을 오른쪽 그림과 같은 순서로 진행하면 작업 시간은 P가 50분, Q가 55분이 되어 전체적으로 55분에 완료되며, 이것이 최단 시간이 된다.

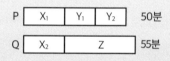

그렇다면 A, B, C, D_1, D_2, D_3, E_1, E_2, E_3의 9가지 작업을 아래의 ①~⑤의 조건 아래 할 때 다음의 질문에 답하여라.

---

① 한 가지 작업에 걸리는 시간은 A가 20분, B가 30분, C가 10분이다.

② B는 A를 완료해야 시작할 수 있으며, C는 B를 완료해야 시작할 수 있다.

③ 한 가지 작업에 걸리는 시간은 D_1, D_2, D_3가 각각 30분, E_1, E_2, E_3가 각각 10분이다.

④ E_1은 D_1을 완료해야 시작할 수 있으며, E_2는 D_2를 완료해야 시작할 수 있고, E_3는 D_3를 완료해야 시작할 수 있다.

---

⑤ 한 가지 작업은 한 명이 연속해서 하는데, 작업과 작업 사이에 휴식
시간이 있어도 무방하다.

(1) 작업을 하는 능력이 같은 P, Q의 두 명이 A, B, C, D_1, D_2, D_3, E_1, E_2,
E_3의 9가지 작업을 할 때, 작업을 시작해서 완료하기까지 걸리는 최
단 시간을 구하여라.

(2) 작업을 하는 능력이 같은 P, Q, R의 세 명이 A, B, C, D_1, D_2, D_3, E_1,
E_2, E_3의 9가지 작업을 할 때, 작업을 시작해서 완료하기까지 걸리는
최단 시간을 구하여라.

어느 파티시에의
고민

선형 계획 문제

파티시에

😐 ⋯⋯⋯ 청과물 가게, 빵집, 서점, 문방구점 같은 소매업에서 일하는 사람 중에는 '수학 같은 어려운 건 필요 없어! 덧셈, 뺄셈, 곱셈, 나눗셈, 이네 가지만 할 줄 알면 충분해!'라고 생각하는 사람도 있을지 모른다. 물론 재무든 회계든 경리든 전부 사칙연산으로 처리할 수 있으니 틀린 생각은 아니다.

그러나 장사에서 돈 계산을 할 때만 수학이 필요한 것은 아니다. 수학을 이용하면 오랜 경험을 통해 감각을 쌓아야 할 수 있었던 일을 경험이나 감 없이도 할 수 있게 된다. 여기에서는 어느 파티시에의 고민을 살펴보도록 하자.

❓ ⋯⋯ 파티시에의 고민

구운 과자로 유명한 제과점이 있다. 이 제과점의 최고 인기 상품은 '사과 타르트'인데, 그러다 보니 사과가 제철을 맞이하는 겨울에는 손님이 길게 줄을 설 만큼 인기가 많지만 여름이 되면 매출이 뚝 떨어지는 경향이 있다. 그래서 파티시에는 여름철을 대비해 시원한 신상품 '여름 밀감 바바루아'를 내놓았다. 그리고 신상품을 더 많은 손님에게 알리기 위해 '사과 타르트'와 세트로 판매하는 아이디어를 생각해냈다. 물론 이윤도 최대한 얻을 수 있다면 좋을 것이다. 그렇다면 상품을 몇 세트씩 준비해야 좋을까?

너무 막연한 질문이다. 이 정보만으로는 "타르트와 바바루아 중에서 이익률이 높은 쪽, 그러니까 바바루아의 정가가 더 비싸다면 바바루아가 많이 들어 있는 세트를 팔 수 있을 만큼 팔면 되잖아?"라는 대답이 돌아올 것이다. 그러니 현실성을 부여하기 위해 몇 가지 제약을 설정해 보자.

파티시에가 팔고 싶은 것은 타르트와 바바루아가 균형 있게 담긴 상품이다. 그는 두 종류의 세트를 생각했다. 첫째는 타르트와 바바루아가 4개씩 들어 있는 '기본 세트'이고, 둘째는 타르트가 2개, 바바루아가 6개인 '모험 세트'다.

'기본 세트'의 하나당 이익은 480엔, '모험 세트'의 하나당 이익은 600엔이다. 또 하루에 만들 수 있는 과자의 개수에는 한계가 있다. 타르트는 하루 160개, 바바루아는 하루 240개까지 만들 수 있을 것으로 보인다.

자, 그러면 지금부터 파티시에의 고민을 수학으로 해결해 보자! 이럴 때는 선형 계획 문제를 사용하면 된다.

선형 계획 문제는 어떤 제약된 영역 속에서 목적이 되는 함수의 최댓값 또는 최솟값을 구하는 문제다.

선형 계획 문제의 성질의 특징

· 목적 함수 z가 x와 y의 1차식이다
· 제약 영역이 x와 y의 1차방정식 혹은 1차 부등식의 조합으로 표시된다

예를 들어 다음과 같은 경우,

$$z=300x+200y \quad \cdots\cdots\cdots \text{①}\,(\text{목적 함수})$$
$$6x+3y \leqq 360 \quad \cdots\cdots\cdots \text{②}\,(\text{제약 조건})$$
$$2x+4y \leqq 240 \quad \cdots\cdots\cdots \text{③}\,(\text{제약 조건})$$
$$x \geqq 0 \quad \cdots\cdots\cdots \text{④}\,(\text{제약 조건})$$
$$y \geqq 0 \quad \cdots\cdots\cdots \text{⑤}\,(\text{제약 조건})$$

②~⑤의 제약 조건을 만족하는 영역 속에서 목적 함수①이 취하는 최댓값을 생각한다.

②~⑤가 나타내는 영역을 그림으로 표시하면 다음 그림의 색칠한 부분이 된다. 목적 함수①이 같은 기울기를 유지하며 평행 이동한다고 생각하면 제약 영역 속에서 z가 최댓값을 취하는 것은 $x=40$, $y=40$일 때이며, 그 최댓값은 $z=20000$이다.

◆ 제약 조건과 목적 함수

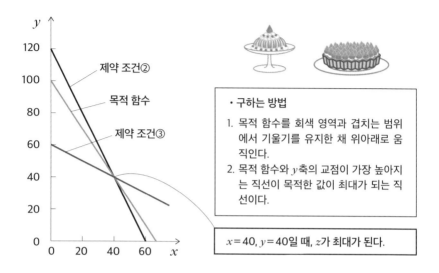

• 구하는 방법

1. 목적 함수를 회색 영역과 겹치는 범위에서 기울기를 유지한 채 위아래로 움직인다.
2. 목적 함수와 y축의 교점이 가장 높아지는 직선이 목적한 값이 최대가 되는 직선이다.

$x = 40$, $y = 40$일 때, z가 최대가 된다.

　변수의 수는 두 개가 아니어도 된다. x_1, x_2, x_3, x_4……등 세 개 이상이어도 무방하다. 변수가 많아서 계산이 복잡해질 경우는 벡터나 행렬을 사용해 풀 때도 많다.

🍰 파티시에의 고민 해결

　이제 다시 파티시에의 이야기로 돌아가서 신상품의 세트 판매 정보를 식으로 만들어 보자.

　'기본 세트'를 x개, '모험 세트'를 y개 준비해 전부 팔았을 경우의 이익을 z엔이라고 가정한다. 타르트는 하루에 160개까지, 바바루아는 하루에 240개까지만 만들 수 있다는 제한을 두면,

$z = 480x + 600y$ ········· ① (이익: 목적 함수)

$4x + 2y \leq 160$ ········· ② (타르트 개수의 상한: 제약 조건)

$4x + 6y \leq 240$ ········· ③ (바바루아 개수의 상한: 제약 조건)

$x \geq 0$ ········· ④ (제약 조건)

$y \geq 0$ ········· ⑤ (제약 조건)

②~⑤가 나타내는 영역을 그림으로 표시하고 생각해 보면 이익 z가 최댓값을 취하는 것은 $x = 30$, $y = 20$일 때, 즉 '기본 세트'를 30개, '모험 세트'를 20개 판매했을 때이며, 이때 이익은 2만 6,400엔이 된다.

◆ '기본 세트'와 '모험 세트'의 개수와 이익

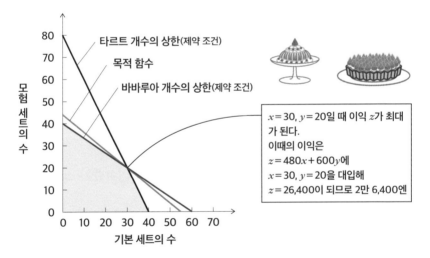

그래프를 사용하지 않고 몇 개의 값을 넣어 보면서 추측해도 되지만, 영역을 그림으로 나타내고 생각하면 좀 더 이해하기가 쉽다.

선형 계획 문제는 다음과 같은 경우에도 이용할 수 있다.

예를 들면 '달걀, 밀가루, 버터, 설탕을 사용해 쿠키를 세 종류 구울 때, 이익을 최대화하려면 몇 개씩 구워야 할까?'라는 원재료에 관한 문제로 환원할 수도 있고, 업종을 바꿔 보면 다음과 같은 문제에도 응용할 수 있을 것이다.

'의류 회사가 독자적인 옷감을 사용해서 티셔츠, 바지, 스커트, 원피스의 제작 판매를 계획하고 있다. 옷감은 10끗(접어서 파는 옷감의 한 번 접은 길이를 나타내는 단위-옮긴이)이 있다. 이번 달과 다음 달은 바쁜 시기이기 때문에 노동 시간을 고려해서 계획을 세울 필요가 있다. 이익을 최대화하려면 어떤 옷을 얼마나 제작해야 할까?'

'군마 공장과 기후 공장에서 어떤 상품을 생산하고 있다. 상품을 트럭으로 도쿄 도내의 8개 거래처에 납입할 때 총 운송비용을 최소화하려면 각 공장에서 얼마나 납입해야 할까?'

주의해야 할 점은, 현실에서는 비용이나 시간, 가격 이외에도 다양한 요소가 얽힌다는 것이다. 구운 과자의 예에서는 준비한 세트를 전부 파는 것을 전제로 삼았으므로 실제로 세트를 준비할 때는 가게를 찾아오는 손님의 수 등도 고려해야 한다. 다른 예에서도 '어떤 쿠키는 실패하기 쉽다', '원피스는 티셔츠에 비해 수요가 적다', '어떤 배송 트럭은 다른 트럭보다 성능이 떨어진다' 등의 전제가 있을지도 모른다.

계산으로 정확한 수치를 구하기가 어렵더라도 그래프를 그릴 수 있으면 대략적인 기준은 파악할 수 있다.

✏️ 언제 배울까?

한국에서는 고등학교 1학년 때 배우는 수학 I의 '부등식의 영역' 단원에서 배운다. 부등식의 영역에서의 최대, 최소를 구하는 과정에서 선형 계획과 관련된 문제를 다룬다. 영역을 그림으로 나타내고 답을 구한다. 복수의 조건도 가시화하면 알기 쉬워짐을 실감할 수 있는 분야다.

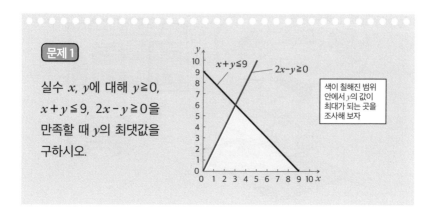

문제 1

실수 x, y에 대해 $y \geqq 0$, $x+y \leqq 9$, $2x-y \geqq 0$을 만족할 때 y의 최댓값을 구하시오.

$x+y \leqq 9$ $2x-y \geqq 0$

색이 칠해진 범위 안에서 y의 값이 최대가 되는 곳을 조사해 보자

사람들을 매료시키는 디자인

도형의 이동, 확대·축소

퀼트

:::
얼마 전에 딸이 입학하고 싶어 하는 중학교에 특별 활동 체험을 하러 갔다. 나와 달리 세밀한 작업을 좋아하는 딸은 체험할 클럽으로 가정부(家庭部)를 골랐다.

이날은 네모난 패치워크를 이어서 쿠션을 만드는 체험을 했는데, 체험을 도와주는 학생 중에 남학생의 비율이 꽤 높은 것을 보고 놀랐다. 요즘은 '수예하는 남성'이 유행해서 남성 부원이 더 많다고 한다.

남학생에게 가르침을 받으면서 딸이 진지하게 쿠션을 만드는 동안 문득 벽으로 시선을 옮겼는데, 벽에 커다란 퀼트 작품이 여러 점 걸려 있었다. 그중에서도 같은 도형이 규칙적으로 나열되는가 하면 여러 가지 모양이 균형 있게 배치되어 있는 작품 하나가 특히 눈길을 끌었다. 물어보니 프로 퀼트 디자이너

의 작품이었다. 아름다움에 마음을 빼앗겨 그 작품을 바라보던 나는 문득 '이렇게 균형 잡힌 아름다움을 만들어 낼 수 있는 디자인의 세계에도 틀림없이 수학이 숨어 있을 거야!'라는 생각을 하게 되었다.

수학적인 균형 감각

작품을 잘 들여다보니 '대칭성'이 보였다. 디자인의 세계에서는 '대칭'이 자주 사용된다. 퀼트 작품은 같은 조각 원단(모티브)을 사용해도 만드는 사람에 따라 인상이 전혀 다른 작품이 된다.

전문가의 작품과 그렇지 않은 사람의 작품의 차이는 어디에 있을까? 그것은 수학적인 균형 감각이 아닐까 싶다. 퀼트 디자이너들은 작품을 만들 때 먼저 도안을 그린다. 삼각형이나 사각형, 꽃잎 모양 등이 있을 때 그것을 어떻게 나열해야 아름답게 보일까? 퀼트 디자이너들은 무의식중에 도형에 관한 수학 지식을 활용하는 것 같다.

도형의 대칭과 이동, 확대, 축소, 닮은 등 도형을 다루는 여러 방법에 대해 알아보자.

도형의 이동, 확대·축소란?

먼저 도형의 대칭부터 생각해 보자. 도형의 대칭에는 선대칭과

> 선대칭 도형이란?
> 어떤 직선을 따라 접었을 때 양쪽 도형이 정확히 겹치는 도형을 말한다. 이때 접는 기준이 되는 직선을 '대칭축'이라고 한다.

점대칭이 있다.

아래에 두 개의 도형이 있다.

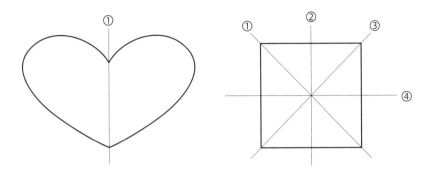

왼쪽은 대칭축이 하나인 선대칭 도형이다. 다만 대칭축이 언제나 한 개인 것은 아니다. 오른쪽의 정사각형은 대칭축이 네 개나 된다.

다음은 점대칭 도형이다.

점대칭 도형이란?
어떤 점을 중심으로 180도 회전시켰을 때 원래의 도형과 정확히 일치하는 도형을 말한다. 이때 회전의 중심이 되는 점을 '대칭의 중심'이라고 한다.

예를 들어 평행사변형과 정사각형은 점대칭 도형이다.

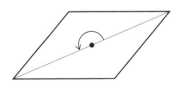
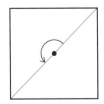

이등변삼각형이나 정오각형은 점대칭 도형이 아니다.

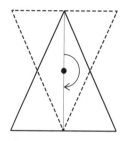 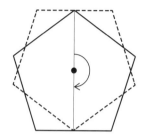

퀼트의 조각 원단 속에서도 수많은 선대칭, 점대칭의 모티브와 디자인이 나온다.

다음으로 도형을 크게 만들거나 작게 만드는 확대도와 축도에 관해 생각해 보자. 원래의 그림을 형태를 바꾸지 않고 크게 만든 그림을 확대도라고 하며, 형태를 바꾸지 않고 작게 만든 그림을 축도라고 한다. 복사기의 확대·축소를 떠올리면 이해가 쉬울 것이다.

확대도나 축도를 원래의 형태와 비교하면 대응하는 변이나 각 사이에는 다음의 두 가지 성질이 성립한다.

· 대응하는 변의 길이의 비는 모두 같다.
· 대응하는 각의 크기는 각각 같다.

확대도와 축도는 중학교에서 공부하는 닮음으로 이어진다.

실제 도형으로 확대도와 축도를 나타내 보자. 다음은 가로 방향을 두 배로 만든 그림, 세로 방향을 두 배로 만든 그림, 가로와 세로 양 방향을 두 배로 만든 그림이다.

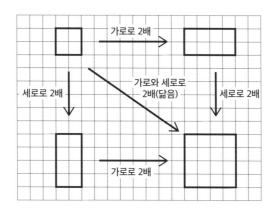

이번에는 도형의 이동에 관해 생각해 보자. 도형의 '크기'와 '모양'을 바꾸지 않고 '장소'만 바꾸는 것을 도형의 이동이라고 한다.

도형의 이동에는 평행 이동, 대칭 이동, 회전 이동의 세 가지 이동 방법이 있다.

평행 이동이란?
모든 점은 '같은 방향', '같은 길이'만큼 이동한다.

대칭 이동이란?
대칭축이라고 부르는 직선을 중심으로 접듯이 이동한다.

회전 이동이란?
회전의 중심이 되는 점의 주위로 모든 점이 같은 각도만큼 회전해서 이동한다. 회전 이동 가운데 특히 180도 회전했을 경우를 점대칭 이동이라고 한다.

그림으로 나타내면 아래와 같다.

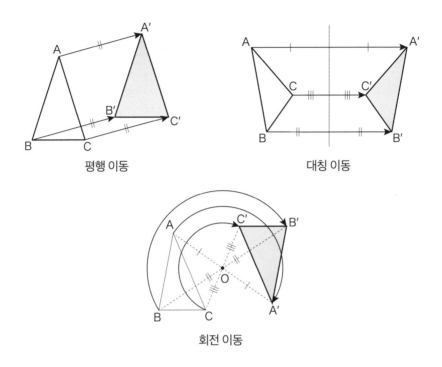

평행 이동

대칭 이동

회전 이동

퀼트 디자인으로 보는 대칭과 닮음

그러면 실제로 도형의 지식을 떠올리면서 퀼트 디자인의 제도를 생각해 보자. 토대가 되는 천의 크기를 바탕으로 모든 조각 원단이 토대에 딱 맞게 들어가도록 디자인한다. 이때 도움이 되는 것이 도형의 확대도와 축도(닮음)의 지식이다. 디자인이 결정되었으면 '대칭'이나 '닮음'을 의식하면서 조각 원단을 만들어 균형 있게 나열한다. 각 변을 정확히 계산했으므로 조각 원단을 빈틈없이 배치할 수 있다. 그리고 퀼트를 완성한다. 아무 생각 없이 대충 나열했을 때보다 규칙성이 생겨서 안정감이 높아지며 아름다운 작품이 완성될 것이다.

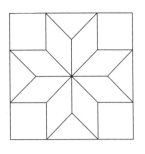

　그 밖에도 퀼트의 세계에는 대칭성을 이용한 유명한 형태가 있다. 퀼트 디자인에서 자주 볼 수 있는 '레몬스타'라는 모양이다. 이 모양을 제도할 때는 루트(√)나 도형의 지식이 사용된다. '레몬스타'는 마름모와 정사각형, 직각삼각형을 조합해서 만든다. 마름모의 네 변의 길이는 전부 같으므로 이웃한 정사각형

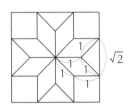

이나 직각이등변삼각형의 길이가 같은 두 변도 마름모의 한 변과 같은 길이가 된다.

　마름모의 한 변의 길이를 1로 놓았을 때, 직각이등변삼각형의 변의 길이의 비 $1:1:\sqrt{2}$를 이용하면 오른쪽 그림의 삼각형의 밑변의 길이가 $\sqrt{2}$임을 알 수 있다. 이 비율을 알면 천의 길이를 생각했을 때 레몬스타를 디자인대로 배열하기 위해 각각의 조각 원단을 몇 센티미터로 만들어야 할지 계산할 수 있다.

　아름다운 디자인에는 규칙이 있다. 의식하든 하지 않든 아름다운 디자인을 만들기 위해서는 수학적 감각이 필수라고 할 수 있을 듯하다. 디자이너는 자신도 모르는 사이에 아름답게 보이기 위한 규칙을 지식으로 축적하기 때문에 생각해야 할 점을 빠르게 정리해 모양을 만들 수 있는 것이다.

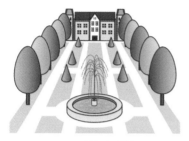

◆ **서양의 정원**

◆ **일본의 정원**

우리 주변에는 도형의 대칭, 닮음을 이용한 사례가 수없이 많다. 그 대표적인 예가 정원이다. 서양의 정원은 좌우 대칭으로 디자인되어 있다. 평평하고 광대한 부지에 축이 되는 인도를 설정하고 좌우 대칭이 되도록 식물과 연못 등을 배치한다. 보기에도 균형 잡힌 정원 디자인이다.

참고로 일본의 정원은 좌우 비대칭이 되도록 디자인한 것이 많다고 한다. 굳이 차이를 둬서 배치함으로써 큰 것은 더욱 크게, 작은 것은 더욱 작아 보이게 만든 것이다. 이렇게 해서 개성을 강조하거나 변화와 원근감을 만들어 냈다.

일본에 1만 종류 이상이 있다고 하는 가문의 문장도 선대칭, 점대칭, 회전 이동으로 그릴 수 있는 디자인이 많다.

기업의 로고 마크에도 도형의 성질이 빈번히 사용되고 있다. 특히 좌우나 상하로 대칭인 것, 점대칭의 성질을 사용한 것을 많이 볼 수 있다. 좌우 대칭의 고로는 안정성이 좋고 기업의 메시지를 담기가 용이하다. 자동차 기업인 도요타와 혼다, 마쓰다의 로고 마크가 전부 좌우 대칭이고, 맥도날드와 롤렉스의 마크도 좌우 대칭이다.

참고로 신사나 불교 건물 등에서도 좌우 대칭을 많이 볼 수 있는데, 안정감과 신뢰감을 주기 때문인 듯하다. 아름다운 디자인, 사람을 매료시키는 디자인에는 규칙이 있는 것이다.

언제 배울까?

한국에서는 초등학교 5학년 2학기 때 도형의 합동, 그리고 점대칭 도형과 선대칭 도형에 대해 배운다. 중학교 1학년 2학기 때는 도형의 합동을 자세히 다루며, 중학교 2학년 2학기 때 도형의 닮음에 대해 배운다.

도형을 공부해서 익히는 균형 감각은 디자인 분야뿐만 아니라 패션과 건축, 인테리어 등의 감각으로도 이어지는 듯하다. '아름다운 것에는 이유가 있다'고 생각하면서 우리 주변을 분석해 보면 재미있을 것이다.

문제 1

크기가 같은 정사각형 5개를 변끼리 이어 만든 도형을 펜토미노라고 한다. 펜토미노에는 다음과 같은 것들이 있는데, 이 중에서 선대칭 도형과 점대칭 도형을 각각 찾아보시오.

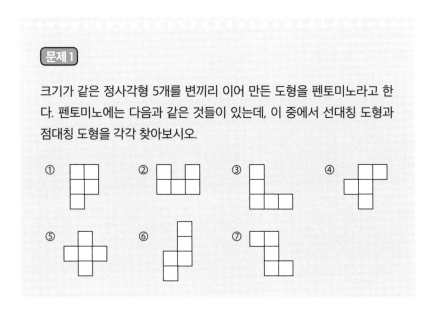

보이지 않던 것이 보인다

평면과 입체

치과 의사

⋯⋯⋯ 독자 여러분은 건강 검진을 꾸준히 받고 있는가? 나는 프리랜서로 일하기 때문에 공공 건강 검진 등을 받으면서 몸의 컨디션이 무너지지 않도록 주의하고 있다. 덕분에 그럭저럭 건강을 유지하고 있지만 딱 한 번 두통이 너무 심해서 한밤중에 구급차를 타고 병원에 간 적이 있는데, 그때 혹시나 하는 마음에 CT 스캔을 받았다. 살면서 처음으로 받은 CT 스캔이었기 때문에 하얀 도넛 모양의 기계 속으로 들어갈 때는 긴장해서 가슴이 두근두근 뛰었다.

단순히 기계를 통과하기만 하면 인체의 횡단면을 볼 수 있다는 것이 참 신기하다는 생각이 든다. 혹시 CT 스캔의 기술에도 수학과 관련된 어려운 기술이 사용된 것이 아닐까?

여기에서는 CT 스캔과 수학, 주로 평면 도형과 입체 도형의 관계에 관해 생각해 보도록 하자.

치아의 CT 스캔

왠지 모를 두려움 때문에 치과를 멀리하는 사람이 많지만, 나는 비교적 치과를 좋아하는 편이어서 정기적으로 치아 검진을 받고 있다. 오랜만에 가면 반드시 엑스선 촬영을 하는데, 잇몸 속이나 치아 속의 상태까지 확인할 수 있기 때문에 치과 의사가 설명하는 자신의 치아 상태와 치료 방침을 이해하기 쉬워 수긍하면서 들을 수 있다.

최근에는 치과에도 CT 스캔 장비가 들어와 있다. CT 스캔도 엑스선 촬영처럼 엑스선을 사용하지만, 다른 점은 엑스선 촬영보다 촬영하는 정보량이 많다는 것이다. 통상적인 엑스선 촬영이 한 방향의 한 컷을 찍는 데 비해 CT 스캔은 3차원의 입체적 정보를 수백 컷 찍는다. 정면에서 한 컷만 촬영하는 기념사진을 사진사가 특별히 피사체의 주위를 빙글빙글 돌면서 온갖 각도에서 찍는 식이다. 찍히고 싶지 않은 컷도 있을 것 같지만……. 그래서 통상적인 엑스선 촬영이 평면적인 데 비해 CT 스캔은 입체적으로, 즉 더욱 실제에 가까운 형태로 상태를 확인할 수 있다.

그렇다면 어떤 때 CT 스캔을 사용할까? CT 스캔은 임플란트 수술을 할 때나 치아를 뽑을 때, 치아에 통증이나 위화감이 있을 경우 원인을 조사할 때 등 다양한 상황에서 사용한다. CT 스캔을 통해 치아의 내부나 뼈의 자세한 상태를 더욱 입체적으로 알 수 있으므로 훨씬 안전하고 정확하게 치료할 수 있다. 평면 화상인 엑스선 촬영 대신 입체 영상인 CT 스캔을 사용하면 치료에도 큰 도움이 되는 것이다.

그러면 평면 도형과 입체 도형에는 어떤 것이 있는지 떠올려 보자. 먼저 대표적인 평면 도형은 다음과 같다.

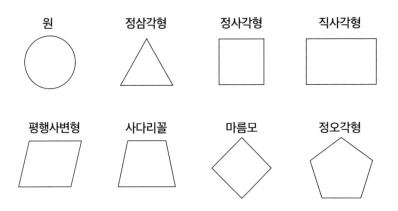

이와 같이 다양한 모양의 평면 도형이 있다.

다음은 입체 도형을 생각해 보자.

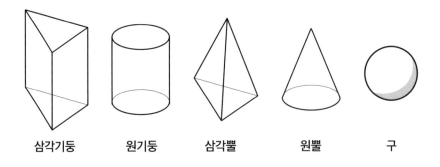

입체 도형의 경우, 입체의 끝이 뾰족하지 않은 것에는 밑면의 모양에 '기둥'을 붙이고, 뾰족한 것에는 밑면의 모양에 '뿔'을 붙여서 부른다. 가

령 위의 그림을 예로 들면 왼쪽에서부터 '삼각기둥', '원기둥', '삼각뿔', '원뿔'이 된다. 참고로 위나 아래에 있는 면을 밑면, 옆으로 둘러싼 면을 옆면이라고 한다.

평면 도형과 입체 도형에는 여러 가지 관계가 있다.

먼저 전개도를 살펴보자. 삼각기둥과 원뿔의 전개도는 다음과 같다.

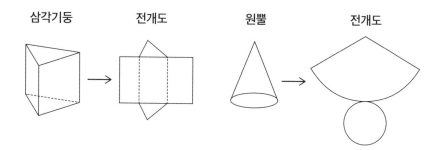

삼각기둥   전개도   원뿔   전개도

이렇게 전개도를 만들면 입체 도형을 평면 도형으로 나타낼 수 있다. 반대로 전개도를 조립하면 이번에는 평면 도형에서 입체 도형으로 변화한다.

다음으로 평면 도형을 움직였을 때 생기는 입체 도형을 생각해 보자. 사각기둥과 원기둥을 생각해 보면 아래의 그림처럼 사각기둥은 밑면의 사각형을, 원기둥은 밑면의 원을 각각 수직 방향으로 일정한 거리만큼 움직였을 때 생긴 입체로 볼 수 있다.

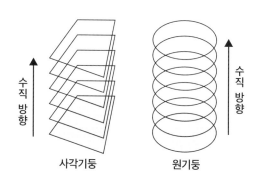

사각기둥   원기둥

또 평면을 회전시켰을

때 생기는 입체 도형도 있다. 예를 들어 원기둥은 직사각형을, 원뿔은 직각삼각형을 회전축을 중심으로 1회전시켰을 때 생긴 입체라고 생각할 수 있다.

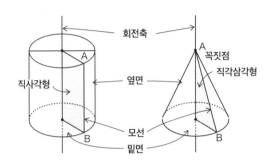

평면 도형을 이동시키는 것은 '같은 모양을 어떤 방향으로 빈틈없이 나열하는 것'이라고 생각할 수 있다. 평면 도형을 무수히 겹치면 입체 도형이 되는 것이다. 참으로 재미있지 않은가?

그 밖에도 평면 도형과 입체 도형의 연관성으로는 입체 도형을 바로 위나 바로 아래, 정면(옆)에서 보면 다양한 평면 도형이 보인다는 점이 있다. 예를 들어 삼각기둥을 바로 위에서 보면 삼각형, 정면에서 보면 직사각형으로 보인다.

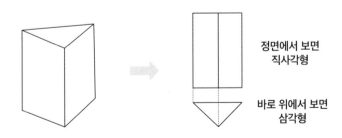

이것은 바로 위나 정면에서 입체에 빛을 비췄을 때 생긴 입체의 그림자의 모양과 같다. 이것을 '투영도'라고 한다. 또한 입체 도형을 평면으로 자르면 단면은 평면 도형이 된다. 똑같은 도형이라도 자르는 장소에 따라 다른 모양의 단면이 생긴다. 기회가 있으면 실제로(두부나 카스텔라, 점토 등을 잘라서) 확인해 봐도 재미있을 것이다.

입체에서 평면, 그리고 입체로 재구축

평면 도형과 입체 도형의 지식을 바탕으로 CT 스캔의 원리를 간단히 설명해 보겠다.

어렸을 때 그림자놀이를 해 봤을 것이다. 가령 손으로 개의 모양을 만들고 뒤에서 회중전등을 비춰서 벽에 '개' 모양의 그림자를 만드는 놀이다(앞에서 언급한 투영도와 같은 개념이다). 실력이 늘면 거북이나 토끼 등 다양한 모양을 만들 수 있다.

이때 그림자를 보면 개라는 것을 알 수 있지만, 그림자만 봐서는 손 모양을 어떻게 만들어야 개가 되는지 그 자세한 입체 부분까지는 알 수가 없다.

그림자가 평면 도형이라고 하면 손의 모양은 입체 도형이다. 위의 예에서 회중전등의 빛을 엑스선으로, 손을 사람의 입 속으로 바꿔서 생각해 보자. 이 경우도 한 장의 엑스선 사진으로는 입 속의 입체적인 구조를 알 수 없다. 'CT 스캔'은 촬영하는 피사체를 온갖 방향에서 촬영한 다음 그 데이터를 컴퓨터로 처리해서 입체 구조까지 보이도록 만든 것

이다. 치과용 CT 스캔의 경우는 1회전하는 동안 600~1,000회에 가깝게 엑스선 촬영을 한다고 한다(참고로 병원에서 사용하는 의학용 CT 스캔은 이보다 네 배 가까이 더 많이 촬영한다고 한다). 이렇게 촬영한 데이터를 컴퓨터에 모아서 3차원 화상을 만든다. 즉 입체를 평면으로 촬영한 다음 컴퓨터를 이용해 다시 입체로 재구축하는 것이다.

또한 CT 스캔의 화상을 처리하는 단계에서는 '푸리에 변환'이라는 수학이 사용된다.

푸리에 변환이란?
복잡한 파형을 띤 함수를 주파수 성분으로 분해해 좀 더 간단하게 기술하는 것. 소리나 빛, 진동, 컴퓨터 그래픽, 의료 등 폭넓은 분야에서 이용되고 있다.

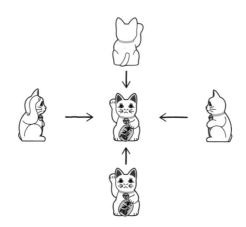

📍 ····· 그 밖의 이용

　　최근 3D가 화제를 모으고 있는데, CT 스캔으로 수집한 데이터를 읽어 들이면 그것을 순식간에 3D 데이터로 변환할 수 있는 소프트웨어가 개발되고 있다. 이 소프트웨어에 데이터를 보내면 즉시 3D 데이터로 변환할 수 있으며 그 결과를 환자와 공유할 수 있다. 또 그 자리에서 3D 출력도 가능하기 때문에 수술 전에 어떤 장기의 어떤 부분을 어떻게 수술할지 환자에게 구체적이면서 알기 쉽게 전할 수 있다.

　　3D 프린터는 다양한 상황에서 활용되고 있다. 자동차 분야에서는 각 부품의 정밀도를 확인하고 잘 끼워지는지 조사하기 위해, 자동차 이외의 제조업에서는 부품을 검증하거나 신제품을 개발하는 도중에 고객과 확인을 하기 위해 사용하고 있다. 이번에 소개한 의료나 치과 분야에서도 인공 뼈나 인공 관절을 제작할 때 사용한다.

　　그 밖에도 도쿄 역과 도쿄 디즈니랜드에서 화제가 된 '프로젝션 매핑'이 있는데, 컴퓨터로 만든 CG와 프로젝터 같은 영사기를 사용해 건물 등에 영상을 비추는 기술이다. 입체로 투영되는 영상은 빛을 내거나 움직이는 듯이 보이기 때문에 기존의 평면적인 프로젝터로는 맛볼 수 없는 영상을 볼 수 있다. 참고로 도쿄 디즈니랜드의 프로젝션 매핑은 프로젝터 20대를 사용해 세 방향에서 비춘다고 한다. 거대한 신데렐라 성에 여러 가지 캐릭터가 비치는 모습은 실로 장관이다.

　　또 옷을 만들 때도 평면과 입체의 관계가 이용된다. 의복의 패턴(형지)을 만들 때 입체인 인체에 입힌 이미지를 떠올리면서 먼저 평면 패턴을 만든다. 앞면·뒷면·옆면의 실루엣을 상상하면서 그려 나간다.

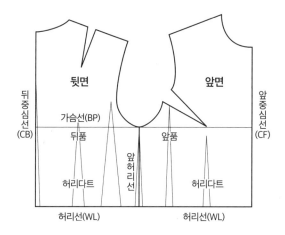

뒤
중
심
선
(CB)

뒷면

가슴선(BP)

뒤품

허리다트

앞
허
리
선

허리선(WL)

앞면

앞품

허리다트

앞
중
심
선
(CF)

허리선(WL)

그렇게 해서 완성한 패턴을 바탕으로 천을 재단해 입체인 옷을 만든다. 입체→평면→입체로 입체와 평면을 오가며 옷이 완성되는 것이다.

이와 마찬가지로 캐릭터 등의 장식물을 만들 때도 입체물을 만들기 전에 먼저 평면으로 캐릭터의 앞면과 측면, 뒷면, 위, 아래 등 온갖 각도의 스케치를 그린 다음, 그 평면도를 바탕으로 두께나 각 부품의 위치 등을 확인하면서 입체적인 장식물을 만든다.

이것을 보면 평면과 입체를 적절히 조합시킴으로써 다양한 가능성을 펼칠 수 있음을 이해할 수 있을 것이다.

✎ 언제 배울까?

　한국에서는 평면 도형과 입체 도형에 대해 초등학교 과정 전반에 걸쳐 기초적인 내용을 배운 뒤, 중학교 1학년 2학기 때 집중적으로 배운다. CT 스캔 화면을 처리하는 데 사용되는 '푸리에 변환'은 고등학교 과정인 미적분I, 미적분II에서 배우는 '삼각 함수', '미분', '적분'과 관련이 있다.

　평면(2차원)을 입체(3차원)로 만들면 더욱 현실감이 커져 이해하기 쉬워지며, 반대로 입체를 평면으로 만들면 간소화되어 보이지 않던 것이 보이게 되기도 한다. 평면은 평면, 입체는 입체로만 보지 말고 평면과 입체의 연관성을 느껴 보기 바란다.

문제 1

아래의 투영도 ①~④에 관해 다음 질문에 답하여라.

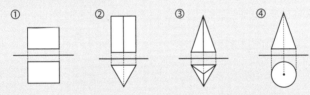

(1) 삼각뿔의 투영도는 무엇인가? 하나를 골라 그 번호로 답하여라.

(2) 대부분의 입체는 어떻게 놓느냐에 따라 각기 다른 투영도가 나타난다. 투영도가 ①처럼 나타날 가능성이 있는 입체를 ❶~❺ 중에서 전부 골라 번호로 답하여라.

　❶ 사각기둥　❷ 사각뿔　❸ 원기둥　❹ 원뿔　❺ 구

무너지지 않는 건물을 만든다

제곱근, 피타고라스의 정리

건축가

⏣ ······· 내가 사는 집에서는 도쿄 스카이트리가 한눈에 보이는데, 매일 밤 켜지는 도쿄 스카이트리의 화려한 야간 조명을 바라보고 있으면 하루의 피로가 씻기는 기분이다. 이따금 조명 색이 다르면 '오늘은 뭔가 특별한 행사가 있나?'하는 궁금증과 기대감도 생긴다. 건설 중에도 하루가 다르게 높아지는 스카이트리의 모습을 지켜보는 것이 큰 즐거움이었다.

현재 도쿄 스카이트리(634m)를 시작으로 오사카의 아베노바시 터미널 빌딩(300m) 등 높은 건축물이 잇달아 건설되고 있다. 저렇게 높으면서도 균형 잡힌 튼튼한 건물을 짓는 건축 기술에 감탄하게 되는데, 건물을 지을 때 수학이 필요하리라는 것은 누구나 예측할 수 있을 것이다.

그렇다면 실제로 어떤 수학이 사용되고 있을까?

우리 모녀는 운 좋게도 개장한 첫 주말에 도쿄 스카이트리에 갈 수 있었다. 도쿄 스카이트리를 밑에서 올려다보던 딸은 평소에 멀리서 바라보던 건물이 눈앞에 있다는 사실이 신기한 모양이었다.

"엄마, 밑에서 올려다보니까 꼭대기가 안 보여요!"

"이렇게 가늘고 높은데 어떻게 바람이 불어도 안 쓰러지는 거지?"

그렇다. 이것은 어린아이가 아니어도 한 번쯤 느낄 법한 의문이다. "건축 전문가가 정확히 계산해서 설계했기 때문에 바람이 불어도 끄떡없단다."라고 대답하기는 했는데, 실제로 어떤 계산을 했을까?

플라스틱 자의 양 끝을 잡고 구부리면 자는 크게 휘어지다가 결국 부러지고 만다. 휨 방지 처리를 하지 않은 목제 테이블을 오랫동안 사용하면 나무 자체가 팽창, 수축되어 상판이 휘어지거나 부러질 수 있다. 건물도 마찬가지다. 여름철 더위와 겨울철 추위, 비바람에 노출되고 눈이

쌓이고 지진에 흔들리면서도 쓰러지지 않고 계속 서 있으려면 그에 상응하는 강도가 필요하다.

무너지지 않는 건물을 짓기 위해 『건축 기준법』이라는 법률이 있으며, 일부 건축물을 제외하면 원칙적으로 『건축 기준법』을 지켜서 설계해야 한다. 그래서 건축 기준법을 바탕으로 어떤 상황에서도 무너지지 않는 안전한 건물을 짓기 위해 '구조 계산'이라는 계산법을 사용한다. 이때 건물 자체의 무게, 사람과 가구 등의 무게, 지붕에 쌓이는 눈의 무게, 태풍 등 바람의 힘, 지진의 흔드는 힘을 계산한다. '눈의 무게'라고 해도 그곳이 눈이 많이 내리는 지역인지, 지붕의 기울기는 어느 정도인지 등에 따라 계산식에 사용하는 수치가 달라진다. 그리고 그 결과를 바탕으로 기둥과 들보 등에 어떤 방향의 힘이 얼마나 가해지는지 자세히 계산한다. 걸리는 힘을 견뎌 낼 수 있는 기둥의 굵기와 소재를 검토한 뒤에 수평이나 수직을 유지하고 변형이나 균열이 일어나지 않도록 상세한 설계를 진행한다.

이와 같이 예상되는 힘을 전부 고려해서 계산하기 때문에 실제 구조 계산서의 분량은 수백 페이지가 넘는다고 한다. 이만큼 치밀하게 계산해서 짓기 때문에 약간의 바람에는 끄떡도 하지 않는 것이다. 그건 그렇고, 수백 페이지의 계산서라니……. 정신이 아득해지는 기분이다.

🔖 ···· 구조 계산이란?

구조 계산의 식에는 어떤 것이 있는지 알아보자.

$$\mu b = \sqrt{\cos(1.5\beta)} \qquad 단, \ 0° < \beta \leq 60°$$

'지붕 형상 계수: μb'의 계산식이다. β는 지붕의 기울기(각도)를 가리킨다. 지붕에 쌓인 눈의 무게는 이 '지붕 형상 계수'를 곱해서 계산한다. 눈의 무게는 μb에 대응해서 무거워지는데, 지붕의 기울기가 작을수록 눈은 무거워진다. 그림을 보면서 생각하면 이해하기 쉬울 것이다.

지붕의 기울기가
작으면

눈이 잘 쌓인다

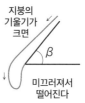

지붕의
기울기가
크면

미끄러져서
떨어진다

'지진층전단력분포계수: Ai'는 지진력을 계산하기 위한 계수 중 하나다. 고층 빌딩 안에서 지진을 경험하면 위층일수록 흔들림이 커짐을 나타낸다.

지진층전단력분포계수

$$Ai = 1 + \left(\frac{1}{\sqrt{ai}} - ai \right) \frac{2T}{1+3T}$$

T : 건축물의 1차 고유 주기
ai : i층에서 최상층까지의 총 중량을
지상 부분의 총 중량으로 나눈 값

앞에서 소개한 식처럼 구조 계산에 사용하는 공식에는 $\sqrt{}$ (제곱근/루트)나 피타고라스의 정리, 삼각 함수 등이 자주 등장한다.

제곱근, 피타고라스의 정리란?

제곱근과 피타고라스의 정리에 관해 기억을 떠올려 보자. 제곱하면 a가 되는 수를 a의 제곱근이라고 한다. 양수 a의 제곱근은 두 개가 있으며, 양의 제곱근을 $\sqrt{a}$, 음의 제곱근을 $-\sqrt{a}$로 표시한다. 즉, ($\pm\sqrt{a}$)2=a인 것이다. 4의 제곱근은 $\pm\sqrt{4}=\pm2$, 5의 제곱근은 $\pm\sqrt{5}$다.

피타고라스의 정리는 아래의 그림과 같이 세 변의 길이가 a, b, c인 직각삼각형의 세 변의 길이에 대해,

$$a^2+b^2=c^2$$

이 성립한다는 정리다.

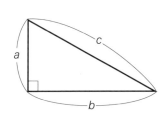

직각삼각형의 세 변의 길이 가운데 두 변의 길이를 알면 피타고라스의 정리를 이용해 나머지 한 변의 길이를 구할 수 있다.

예를 들어 $a=3$cm, $b=4$cm인 직각삼각형의 빗변의 길이 c를 구하는 문제는,

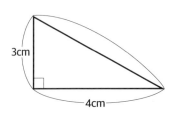

$$3^2+4^2=c^2$$
$$9+16=25=c^2$$

c > 0이므로 c=5(cm)가 된다.

앞에서 소개한 구조 계산 공식에는 제곱근이나 피타고라스의 정리, 삼각 함수가 나왔는데, 비단 구조 계산뿐만 아니라 건축과 관련된 계산에는 제곱근이나 피타고라스의 정리, 삼각 함수가 자주 사용된다.

몇 가지 간단한 예를 계산해 보자.

예1 지름 60cm인 통나무에서 가장 단면이 큰 정사각형의 각재를 잘라 낼 때, 한 변의 길이는 몇 cm일까?

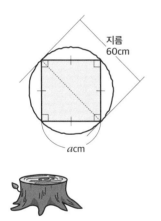

각재의 한 변의 길이를 $a$cm라고 하면 피타고라스의 정리에 따라
$$a^2 + a^2 = 60^2$$
$$2a^2 = 3600$$
$$a^2 = 1800$$
$$a = 30\sqrt{2} \fallingdotseq 42.4(\text{cm})$$

직각이등변삼각형의 세 변의 길이의 비 $1:1:\sqrt{2}$를 이용해도 돼!

답 42.4cm

목수들이 사용하는 '곱자'라는 자를 아는가? 직각으로 구부러진 금속제 자로, 겉눈과 속눈이라고 부르는 두 종류의 눈금이 새겨져 있다. 겉눈으로는 실제의 길이를 잴 수가 있고, 속눈의 눈금은 겉눈의 $\sqrt{2}$배다. 통나무의 지름을 속눈으로 재면 그 값이 그대로 각재의 한 변의 길이가 되는 것이다.

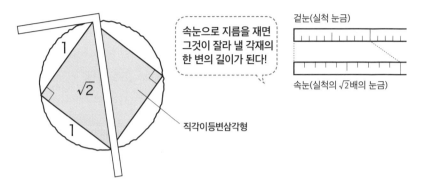

겉눈(실척 눈금)

속눈으로 지름을 재면
그것이 잘라 낼 각재의
한 변의 길이가 된다!

속눈(실척의 $\sqrt{2}$배의 눈금)

직각이등변삼각형

예2 다음과 같은 지붕의 넓이는 몇 m²가 될까?

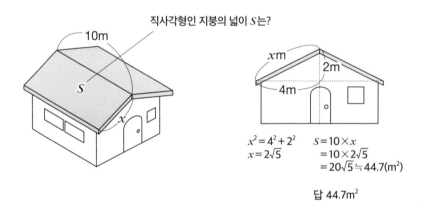

직사각형인 지붕의 넓이 S는?

$x^2 = 4^2 + 2^2$ $S = 10 \times x$
$x = 2\sqrt{5}$ $= 10 \times 2\sqrt{5}$
$= 20\sqrt{5} \fallingdotseq 44.7(m^2)$

답 44.7m²

　　지붕 위에 태양광 패널을 설치할 때 가장 효율을 높이는 방법은 패널을 남향으로 기울기가 30°정도가 되도록 설치해서 햇빛을 잘 받게 하는 것이라고 한다. 또한 앞에서 소개한 적설 중량 등을 고려하면서 디자인도 의식하면 다양한 모양의 지붕을 고안할 수 있을 것 같다.

◆ 지붕의 종류

박공측   평측

박공지붕   모임지붕   외쪽지붕

다음의 예에서는 비례를 사용해 보자.

예3 도로와 인접해 건물을 지을 때 채광이나 통풍이 나쁘지 않도록 '도로 사선 제한'이라는 규정이 있다. 일반적인 주택의 경우는 전면 도로의 반대편 도로 경계선으로부터 1:1.25의 기울기로 그은 선 밖으로 건물이 나오지 않도록 지어야 한다. 그렇다면 도로의 폭이 6m이고 도로로부터 2m 떨어진 위치에 벽을 지을 때 벽의 높이는 몇 m까지 가능할까?

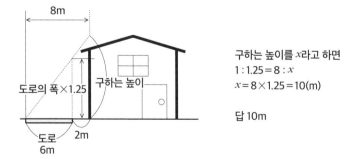

8m

구하는 높이

도로의 폭×1.25

도로
6m   2m

구하는 높이를 x라고 하면
$1 : 1.25 = 8 : x$
$x = 8 \times 1.25 = 10(m)$

답 10m

어떤가? 전문적인 공식 이외에도 제곱근이나 피타고라스의 정리, 삼각 함수를 사용해서 계산할 수 있는 것이 많다. 건축의 세계에서는 그 밖에도 다양한 수학이 사용된다. 힘의 분산을 생각하기 위해 '벡터'가, 조건을 만족시키는 해를 구하기 위해 '연립 방정식'이 사용된다. 기둥이나 들보 등의 강도를 조사하려면 '미분'과 '적분'도 필요하다.

그 밖의 이용

직각을 정확히 잴 때, 두 변의 실측값을 가지고 실측할 수 없는 다른 한 변을 산출할 때 등에 사용하는 피타고라스의 정리는 우리와 친근한 수학이라고 할 수 있다. 일상생활에서도 벽에 사다리를 기대어 세우거나 DIY 가구를 조립할 때, 직각을 구할 때 사용할 수 있다. 또한 텔레비전 화면의 크기는 대각선의 길이를 인치로 표기한 수치로 나타낸다. 42인치 텔레비전이라면 그 대각선의 길이는 미터로 환산했을 때 약 1m다.

피타고라스의 정리가 발견됨으로써 여러 가지 문제가 해결되었다. 평면 도형이나 입체 도형, 함수에도 활용되어 정리와 이론의 발견에 공헌했다.

페르마의 마지막 정리를 아는가?

'3 이상의 자연수 n에 대해 $x^n + y^n = z^n$이 되는 자연수 (x, y, z)는 존재하지 않는다'라는 것으로, 전 세계의 수학자를 360년 동안이나 고민에 빠뜨렸던 어려운 문제다. $n=1$ 또는 2일 때는 $x^n + y^n = z^n$이 성립하는 자연수 (x, y, z)가 있다. $n=2$는 피타고라스의 정리다$(x^2 + y^2 = z^2)$.

피타고라스의 정리는 역사가 매우 깊어서, 멋 옛날인 메소포타미아 문명의 유적에 피타고라스의 정리를 사용한 흔적이 남아 있다고 한다. 먼 옛날부터 사용되어 온 정리가 수를 하나만 늘리면 몇백 년 동안 풀리지 않는 문제로 변신한다니, 수학은 참으로 신기하다.

언제 배울까?

한국에서는 제곱근에 대해서는 중학교 3학년 1학기 때, 피타고라스의 정리에 대해서는 중학교 3학년 2학기 때 배운다. 피타고라스의 정리는 약 2,500년 전에 그리스의 피타고라스가 발밑에 깔린 타일을 보고 발견했다고 한다.

피타고라스의 정리를 증명하는 방법은 수백 가지나 된다. 여러분도 피타고라스의 정리의 증명에 도전해 보기 바란다.

* 피타고라스의 정리를 발견한 계기에 관해서는 여러 가지 설이 있다.

문제 1

아래와 같은 자가 있다. 위쪽 눈금의 간격은 1mm이고, 아래쪽 눈금의 간격은 위쪽 눈금의 간격의 $\sqrt{2}$ 배다. 아래쪽 눈금이 75일 때 그 눈금은 왼쪽 끝에서 몇 mm 지점에 있을까? 소수점 아래 첫째 자리에서 반올림한 후 답하시오.

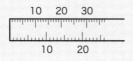

오른쪽 그림에서 △OAB, △OBC, △OCD는 각각 직각삼각형이며, $\overline{OA}=\overline{AB}=\overline{BC}=\overline{CD}=2cm$다. 이때 다음의 질문에 답하여라.

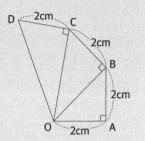

(1) $\overline{OB}$의 길이는 몇 cm인가?

(2) $\overline{OC}$의 길이는 몇 cm인가?

(3) △OCD의 넓이는 몇 cm²인가?

하늘의 지도를
그린다

삼각 함수

파일럿

나는 중학생 시절에 가고시마로 가족 여행을 갈 때 처음 비행기를 타 봤다. 그렇게 꿈에 그렸던 비행기 여행이었는데 막상 타 보니 너무 무서워서 줄곧 주먹을 꼭 쥐고 긴장했던 기억이 난다. 지금은 완전히 익숙해져서 이륙할 때 잠을 잘 정도지만. 그건 그렇고, 비행기가 이륙할 때와 착륙할 때의 궤도는 언제 봐도 정말 멋지다. 파일럿을 동경하는 아이가 많은 것이 이해가 된다.

내가 다녔던 대학에는 항공우주공학과라는 학부가 있었고, 대학 내에 활주로가 있었다. 매일 같이 활주로에서 학생들이 눈을 반짝이며 비행 실험에 열중했다. 자신은 비행기를 만들기보다 비행기 조종을 하고 싶다면서 도중에 퇴학하고 파일럿이 된 동급생도 있었다. 그런 비행기를 바라보면서 수학과 학생들은 "비행기는 만들 때나 날 때나 수학과 관계가 있잖아? 역시 수학은 대단해!"라는 이야기를 나눴다.

얼마 전에 공터에서 남자 고등학생들이 캐치볼을 하면서 이야기 하는 것을 들었다. "아, 시험 공부하기 귀찮아.", "삼각 함수 공식은 왜 그렇게 많은 걸까? 도대체 외울 수가 없어.", "근의 공식이라든가 제곱근 같은 건 어차피 고등학교만 졸업하면 전혀 안 쓰잖아?", "맞아, 맞아. 공부해 봤자 쓸 데가 없어!" 같은 이야기를 나눴다. 나도 학창시절에 시험이 정말 싫었기 때문에 왠지 그 마음이 이해가 갔다.

그러다 어느덧 장래의 진로로 화제가 바뀌었다. 한 남학생은 비행기를 좋아해서 장래에 파일럿이 되고 싶은 모양이었다. 어? 그런데도 정말 고등학교를 졸업하면 수학이 필요 없다고 생각하는 것일까? 앞에서 언급했듯이 비행기는 수학, 특히 삼각 함수와 커다란 관련이 있다.

📖 ······ 삼각 함수란?

여러분은 삼각 함수를 기억하고 있는가? 그렇다, 바로 그 사인 (sin), 코사인(cos), 탄젠트(tan)다! 공식을 주문처럼 외운 사람도 있을 것이다.

삼각비에서는 다음의 그림과 같은 직각삼각형을 생각하고 각각 $\sin\theta$, $\cos\theta$, $\tan\theta$를 정의했다. 나는 다음의 그림과 같이 알파벳의 필기체를 이용해서 외웠다.

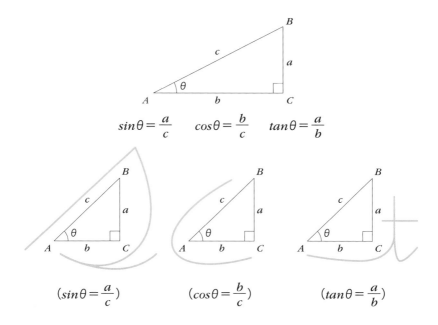

$$sin\theta = \frac{a}{c} \qquad cos\theta = \frac{b}{c} \qquad tan\theta = \frac{a}{b}$$

$$\left(sin\theta = \frac{a}{c}\right) \qquad \left(cos\theta = \frac{b}{c}\right) \qquad \left(tan\theta = \frac{a}{b}\right)$$

두 각이 $30°$와 $60°$인 직각삼각형(세 변의 길이의 비가 $1:2:\sqrt{3}$인 삼각형)과 직각이등변삼각형(세 변의 길이의 비가 $1:1:\sqrt{2}$인 삼각형)을 예로 생각해 보자.

오른쪽 그림과 같은 직각삼각형이라면,

$sin60° = \dfrac{\sqrt{3}}{2}$, $cos60° = \dfrac{1}{2}$, $tan60° = \sqrt{3}$이 된다.

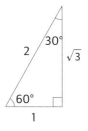

오른쪽 그림과 같은 직각삼각형이라면,

$sin30° = \dfrac{1}{2}$, $cos30° = \dfrac{\sqrt{3}}{2}$,

$tan30° = \dfrac{1}{\sqrt{3}}$임을 알 수 있다.

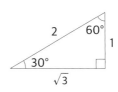

직각이등변삼각형일 경우는 어떻게 될까?

$\sin 45° = \dfrac{1}{\sqrt{2}}$, $\cos 45° = \dfrac{1}{\sqrt{2}}$, $\tan 45° = 1$이 된다.

정리해 보면 아래의 표와 같다.

◆ **삼각비의 표**

θ	0°	30°	45°	60°	90°
$\sin\theta$	0	$\dfrac{1}{2}$	$\dfrac{1}{\sqrt{2}}$	$\dfrac{\sqrt{3}}{2}$	1
$\cos\theta$	1	$\dfrac{\sqrt{3}}{2}$	$\dfrac{1}{\sqrt{2}}$	$\dfrac{1}{2}$	0
$\tan\theta$	0	$\dfrac{1}{\sqrt{3}}$	1	$\sqrt{3}$	값 없음

표의 색칠한 부분을 살펴보자. 각각의 값을 보고 무엇인가 눈치채지 않았는가? θ가 30°와 60°일 때는 sin과 cos의 값이 반대가 된다. tan의 값은 역수가 된다. 앞에 나온 삼각형의 그림을 비교해 보면 그 이유를 알 수 있다.

이와 같이 θ가 예각($0° < \theta < 90°$)일 때 다음의 관계가 성립한다.

앞의 표에서 30°와 60°의 관계가 바로 이거야.

$\sin(90° - \theta) = \dfrac{a}{c} = \cos\theta$

$\cos(90° - \theta) = \dfrac{b}{c} = \sin\theta$

$\tan(90° - \theta) = \dfrac{a}{b} = 1 \div \dfrac{b}{a} = \dfrac{1}{\tan\theta}$

삼각 함수는 둔각까지 포함해 $0° \leqq \theta \leqq 180°$의 범위로 확장할 수 있다. 원점 O를 중심으로 하고 반지름의 길이가 r인 원의 원주 위에 $\angle AOP = \theta$가 되는 점 P(x, y)를 잡으면 $\sin\theta$, $\cos\theta$, $\tan\theta$는 아래와 같다.

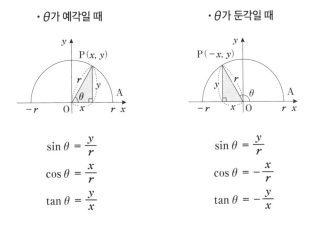

· θ가 예각일 때

$$\sin\theta = \frac{y}{r}$$
$$\cos\theta = \frac{x}{r}$$
$$\tan\theta = \frac{y}{x}$$

· θ가 둔각일 때

$$\sin\theta = \frac{y}{r}$$
$$\cos\theta = -\frac{x}{r}$$
$$\tan\theta = -\frac{y}{x}$$

양자를 비교하면 θ가 둔각($90° < \theta < 180°$)일 때 다음의 관계가 성립함을 알 수 있다.

$\sin(180° - \theta) = \sin\theta$
$\cos(180° - \theta) = -\cos\theta$
$\tan(180° - \theta) = -\tan\theta$

$180° - \theta$의 삼각비의 공식을 이용하면 둔각의 삼각비를 예각의 삼각비로 나타낼 수 있어.

여기에서는 자세한 설명을 생략하지만, 반원을 원으로 확장하면 θ가 $180°$ 이상이어도 정의할 수 있다.

예제를 한번 살펴보자. 스키를 타고 다음과 같은 설산을 내려갈 때 사면의 길이는 약 몇 km가 될까?

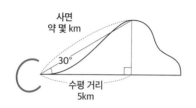

지면과 사면이 이루는 각이 30°이므로

$$\cos 30° = \frac{\text{수평 거리}}{\text{사면의 길이}}$$

$$\frac{\sqrt{3}}{2} = \frac{5}{\text{사면의 길이}}$$

$$\text{사면의 길이} = 5 \times \frac{2}{\sqrt{3}} \fallingdotseq 5.77(km)$$

답 약 5.77km

이와 같이 삼각 함수는 기울기나 회전과 관련된 계산을 할 때 크게 활약한다.

비행기와 삼각 함수

비행기처럼 거대한 쇳덩어리가 어떻게 하늘을 날 수 있는 것일까? 하늘을 나는 비행기에는 네 가지 힘이 작용한다.

- 양력(揚力) ┈┈┈ 기체를 위로 끌어당기는 힘. 이 힘 덕분에 비행기가 하늘로 떠오른다.
- 추력(推力) ┈┈┈ 기체를 앞으로 끌어당기는 힘. 프로펠러를 돌리거나 엔진으로 가스를 뒤로 내뿜어서 앞으로 나아간다.
- 항력(抗力) ┈┈┈ 기체를 뒤로 끌어당기는 힘. 공기 저항 등에 따라 발생한다.
- 중력(重力) ┈┈┈ 기체를 아래로 끌어당기는 힘. 지구의 중심을 향한다.

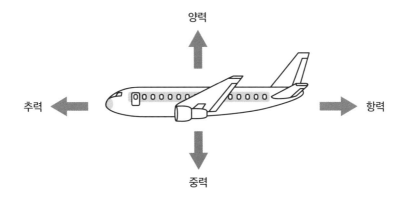

비행기는 네 가지 힘이 균형 있게 작용할 때 적절한 고도와 속도를 유지하면서 목적지를 향해 날 수 있다. 상승·하강할 때, 방향을 바꾸기 위해 선회할 때, 기류의 영향을 받아 궤도를 수정할 때 등 항상 각도를 의식해야 안전한 비행이 가능하다.

기체나 날개의 기울기에 따라 어떤 힘이 발생하는지 몇 가지 예를 살펴보자. 비행기는 양력을 받아야 뜰 수 있다. 날개가 바람을 맞음으로써 위로 끌어당겨지는 힘을 얻는 것이다. 양력은 아래의 식으로 나타낼 수 있는데, 그 크기는 날개의 각도(받음각)와 넓이 등에 따라 달라진다.

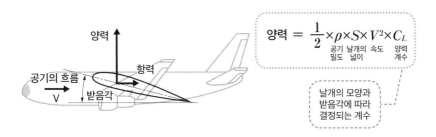

$$양력 = \frac{1}{2} \times \rho \times S \times V^2 \times C_L$$

공기밀도 　 날개의넓이 　 속도 　 양력계수

날개의 모양과 받음각에 따라 결정되는 계수

진로를 변경하거나 장해물을 피하기 위해 선회할 때, 기체에는 구심력이라는 안쪽을 향하는 힘과 원심력이라는 바깥쪽을 향하는 힘이 발생한다. 아래의 그림과 같이 기체를 기울여서 선회하면 효율적으로 선회할 수 있다(모터사이클을 운전할 때 커브길에서 모터사이클을 기울이는 것과 같은 느낌이다). 다만 기체를 기울이면 양력이 줄어들기 때문에 재차 힘의 균형을 바로잡아야 한다. 또 이때의 기울기의 각도를 뱅크각이라고 한다. 뱅크각은 비행기가 조종이나 바람 등에 따른 힘에 부서지지 않도록 규정된 '하중 배수'의 계산과 관계가 있는 중요한 값이다.

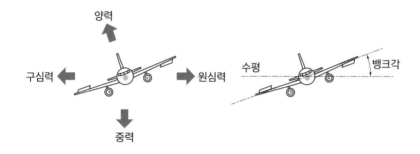

비행 중인 비행기는 끊임없이 바람을 받는다. 강풍에 밀려 본래의 진로로부터 벗어나는 일이 없도록 기체의 진행 방향을 수정할 때는 편류각을 사용해 계산한다.

이렇게 각도와 관계가 있는 힘을 계산할 때는 삼각 함수의 지식이 필요하다.

그 밖의 이용

삼각 함수는 다양한 분야에서 응용되고 있다. 우리에게 즐거운 세계를 제공하는 컴퓨터 그래픽의 분야에서도 삼각 함수의 계산이 자주 사용된다. 삼각 함수는 2차원이나 3차원의 가상 세계에서 길이·각도·좌푯값 등을 구할 때 필요한 도구이기 때문이다. 삼각 함수가 없다면 CG 소프트웨어 자체를 만들 수가 없다. 그 밖에 측량이나 공학의 세계에서도 삼각 함수가 폭넓게 사용되며, 그것이 지도와 카 내비게이션, 컴퓨터와 휴대 전화에 응용되어 우리의 생활을 편리하게 만들고 있다.

앞에서 $180°$ 미만의 삼각 함수를 설명할 때 반원을 사용했는데, $180°$ 이상으로 확장해 점 P가 원둘레 위를 빙글빙글 돌면 x와 y의 값은 좌우로 흔들리기도 하고 위아래로 흔들리기도 하는 등 마치 물결처럼 움직인다. 이 성질을 이용해 삼각 함수를 파동을 나타내는 식으로도 사용한다. 음파나 전파, 파동의 성질을 지닌 것을 표현할 때도 삼각 함수가 반드시 필요하다.

✏️ **언제 배울까?**

한국에서는 삼각 함수의 기초가 되는 삼각비에 관해 중학교 3학년 2학기 때 배우고, 삼각 함수에 관해서는 고등학교 과정인 미적분 II에서 배운다. 삼각 함수는 공학 등 다양한 학문 속에서 발전해 왔다.

기호나 공식도 많아서 거부감을 느끼기 쉬운 분야이지만, 식이나 기호가 자연 현상을 표현하고 있다고 생각하면 조금은 친근하게 느껴질지도 모른다.

문제 1

최종 착륙 태세에 돌입한 여객기가 지표면에 대해 약 3°의 각도를 유지하며 하강하고 있다. 이때 다음의 질문에 답하여라.(답은 소수점 아래 첫째 자리에서 반올림해서 정수로 구하며, 필요하다면 아래의 식을 사용)

$$\sin 3° = 0.0523,\ \cos 3° = 0.9986,\ \tan 3° = 0.0524$$

(1) 활주로 끝에서의 수평 거리가 3NM(노티컬마일,해리)인 지점을 하강 중인 여객기의 고도는 약 몇 ft(피트)가 될까? (단, 1NM = 1,852m, 1ft = 30.5cm로 놓는다.)

(2) 여객기의 최종 진입 코스 아래에 높은 장해물이 있으면 위험하다. 그래서 정밀 진입을 하는 활주로에 대해서는 활주로 끝 부분에서의 수평 거리에 따라 거리의 50분의 1보다 높은 장해물이 없도록 법률로 규정되어 있다.
그렇다면 활주로 끝에서의 수평 거리가 3NM인 지점에는 최고 몇 피트의 장해물이 존재할 가능성이 있을까?

세계를 연결하는 네트워크

기수법

네트워크 엔지니어

여러분은 어떨 때 컴퓨터를 사용하는가? 나는 대본을 인쇄하거나 이메일을 보낼 때, 인터넷에서 검색을 할 때 사용하는데, 최근에는 인터넷 쇼핑을 하거나 SNS에서 친구의 근황을 알아볼 때, 먼 곳에 사는 친구와 얼굴을 보면서 전화를 할 때도 사용하게 되었다. 딱히 컴퓨터의 지식이 없어도 이렇게 많은 것을 할 수 있다니, 참으로 편리한 세상이다. 그런데 문득 이런 의문이 들었다. 어떻게 멀리 떨어진 곳에 있는 컴퓨터나 스마트폰에 이메일을 보낼 수 있는 것일까?

우리가 사는 장소에는 주소가 있다. 그래서 배달원이 주소와 이름을 보고 우편물이나 택배를 정확한 장소에 배달한다. 그렇다면 컴퓨터의 세계는 어떻게 되어 있을까? 이메일 주소나 컴퓨터에 로그인할 때의 사용자 이름이 주소와 이름을 대신하는 것일까?

？⋯⋯ 컴퓨터 세계의 주소

사실은 컴퓨터의 세계(이하 네트워크)에도 주소와 이름이 있다. 주소의 역할을 하는 것을 IP 주소, 이름의 역할을 하는 것을 MAC 주소라고 설명한다. 'IP 주소'라는 이름을 들어 본 독자도 많을 것이다. 프로그래머나 해커가 나오는 영화나 드라마의 주인공이 "IP 주소를 추적할수가 없어!"라고 외치며 머리를 감싸는 장면이 나오기도 하고, 현실 사회에서도 'IP 주소를 위장해 다른 사람인 척한' 사이버 사건이 세상을 떠들썩하게 만들기도 했다.

IP 주소		
DHCP	BootP	고정
IP 주소		192.168.0.2
서브넷 마스크		255.255.255.0
라우터		192.168.0.1
DNS		192.168.0.1
도메인 검색		
클라이언트 ID		

그렇다면 IP 주소란 무엇일까? 네트워크와 연결된 컴퓨터뿐만 아니라 스마트폰이나 태블릿 PC, 최근에는 텔레비전이나 냉장고에도 IP 주소가 할당된 것이 있다. 가지고 있는 기기가 네트워크를 지원한다면 설정 화면에서 IP 주소를 확인해 보기 바란다. 'IP 주소'나 'IPv4 주소' 같은 이름으로 위와 같이 마침표로 구분된 숫자가 설정되어 있을 것이다.

전 세계에 IP 주소를 가진 기기가 얼마나 있을지는 알 수 없지만, 적어도 수십억 개는 될 것이다. 이런 상황에서 하나의 기기가 다른 모든 기기에 정보를 발신하는 방식이라면 문제가 심각하다. 네트워크는 순식간에 트래픽(통신 회선을 이용하는 데이터의 전송량)으로 넘쳐나다 터져 버릴 것이다. 그래서 네트워크의 세계는 트래픽을 적절히 제어할 수 있도록 큰 덩어리를 작게 나누고 그것을 다시 작게 나누어 계층적으로 관리된다. 그 덕분에 불필요한 트래픽을 외부로 보내지 않을 수 있는 것이다. 예컨대 회람판을 우체통이 아니라 옆집 우편함에 직접 넣는 식이다.

컴퓨터의 세계는 2진법으로 구성되어 있다. 0부터 9까지 열 가지 숫자를 읽게 하기보다 0과 1이라는 두 가지 숫자를 나열해서 표현하는 편이 빠르고 정확하게 정보를 읽고 전달할 수 있기 때문이다. 그래서 정보 처리의 분야에서는 2진수의 곱수인 8진수나 16진수 등을 많이 사용한다.

IP 주소의 경우, 사람에게 보일 때는 10진수로 표시하지만 컴퓨터의 세계에서는 이것을 0과 1이 32개 나열된 2진수로 처리한다. 이와 마찬가지로 MAC 주소는 사람에게 보일 때는 16진수로 변환해서 짧게 표시하지만 컴퓨터의 세계에서는 0과 1이 48개 나열된 2진수다.

기수법이란?

우리는 평소에 수를 셀 때 0부터 9까지 10가지 숫자(기호)로 수를 표현한다. 이 방법을 10진법이라고 하며, 그 숫자들로 표시된 수를 10진수라고 한다. 아마도 인간의 양 손가락이 10개이기 때문에 10진법의 개념이 주가 된 것이 아닐까 추측된다.

10진법은 10을 한 묶음으로 자리가 올라간다. 예를 들어 10진법으로 표시된 '326'이라는 수의 경우, 3은 100의 자리, 2는 10의 자리, 6은 1의 자리의 수로서 '100이 3개, 10이 2개, 1이 6개 있음'을 나타낸다.

즉, 326=100×3+10×2+1×6이다.

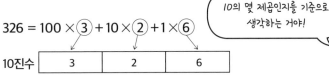

$$326 = 100 \times \textcircled{3} + 10 \times \textcircled{2} + 1 \times \textcircled{6}$$

10의 몇 제곱인지를 기준으로 생각하는 거야!

10진수	3	2	6

$100 = 10^2$의자리 $10 = 10^1$의자리 $1 = 10^0$의자리

그런데 10이라는 수는 편의상 결정된 수이며, 세상에는 10진법 이외의 개념을 사용하는 것이 많다. 가령 시간은 60초가 1분, 60분이 1시간과 같이 60을 한 묶음으로 자리를 올린다. 이것은 60진법이다. 그 밖에한 다스는 12개를 한 묶음으로 생각하므로 12진법이 된다.

2진법에서는 0과 1의 숫자만을 사용하므로 금방 자리가 올라간다. 컴퓨터의 세계에서는 전기의 온(On)과 오프(Off)를 나타내는 데 두 숫자만을 사용하는 2진법이 안성맞춤이다. 전자 신호의 온(On)은 1, 오프(Off)는 0과 같이 표현할 수 있으며, 불 대수라는 개념을 사용해 계산이나 검색 등의 정보 처리를 재빨리 실행할 수 있다.

전달의 매출액은 2,500만 원이었으니까 이익률은…

만약 컴퓨터의 세계에서 10진법을 사용하려고 하면 0부터 9까지의 숫자를 전기 신호로 표현해야 한다. 10개의 숫자를 판별하는 구조도 생각해내야 한다. 그래서 10진법을 사용해 계산하려고 하면 2진법을 사용할 때에 비해 전자 회로의 설계가 상당히 복잡해진다.

2진법에 관해 조금 더 자세히 설명토록 하겠다. 2진법은 0과 1의 두 숫자만 사용하므로 수를 나타낼 때 0, 1까지 셌으면 다음은 2가 아니라 자리를 올려서 10으로 표현한다. 그리고 다음은 11이다. 그 다음은 다시 12가 아니라 자리를 올려서 100…과 같이 2를 한 묶음으로 삼아서 자릿수를 늘려 나간다.

◆ **2진수와 10진수의 대응표**

10진수	0	1	2	3	4	5	6	7	8	9	10	…
2진수	0	1	10	11	100	101	110	111	1000	1001	1010	…

요컨대 10진수는 1의 자리, 10의 자리, 100의 자리…였지만 2진수는 1의 자리, 2의 자리, 4의 자리, 8의 자리…가 된다.

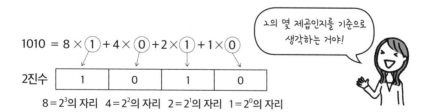

$$1010 = 8 \times ①+4 \times ⓪+2 \times ①+1 \times ⓪$$

2의 몇 제곱인지를 기준으로 생각하는 거야!

2진수 | 1 | 0 | 1 | 0 |

$8=2^3$의 자리 $4=2^2$의 자리 $2=2^1$의 자리 $1=2^0$의 자리

그렇다면 2진법으로 표시된 '1010'이라는 수를 10진법으로 나타낼 경우 어떻게 될까?

2^3의 자리 2^2의 자리 2^1의 자리 2^0의 자리

    1   0   1   0

$$=1\times2^3 \; + \; 0\times2^2 \; + \; 1\times2^1 \; + \; 0\times2^0$$
$$=8 + 0 + 2 + 0$$
$$=10$$

8의 자리가 1개, 4의 자리가 0개, 2의 자리가 1개, 1의 자리가 0개이므로 $8\times1+4\times0+2\times1+1\times0=10$

2진법의 '1010'을 10진법으로 나타내면 '10'임을 알 수 있다.

$$2 \underline{)\ 10} \quad \text{나머지}$$
$$2 \underline{)\ \ 5} \cdots 0$$
$$2 \underline{)\ \ 2} \cdots 1$$
$$\qquad 1 \cdots 0$$

밑에서부터 나열해서
1010

반대로 10진수를 2진수로 나타낼 때는 10진수의 값을 '0' 또는 '1'이 될 때까지 '2'로 계속 나눈 다음 '나머지 수'를 밑에서부터 나열하면 2진수의 값으로 바꿀 수 있다.

2진수로 네트워크를 생각한다

IP 주소를 2진수로 나타내 보자. IP 주소가 10진수 표기로 192.168.0.1일 때 각각을 8자리의 2진수로 변환하면 192는 11000000,

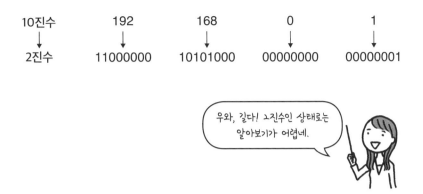

10진수	192	168	0	1
↓	↓	↓	↓	↓
2진수	11000000	10101000	00000000	00000001

우와, 길다! 2진수인 상태로는 알아보기가 어렵네.

168은 10101000, 0은 00000000, 1은 00000001이므로 0과 1이 32개 나열된 11000000101010000000000000000001이 된다.

IP 주소는 네트워크 번호와 호스트 번호의 두 부분으로 나뉜다. 네트워크 번호는 주소로 치면 ○시 ○구 ○동 ○번지로, 호스트 번호는 그 뒤에 붙는 아파트 이름이나 방 번호 같은 것으로 생각하면 무방하다.

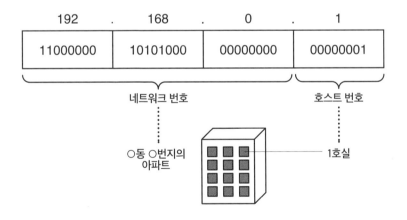

192 .	168 .	0 .	1
11000000	10101000	00000000	00000001

네트워크 번호 · · · · · · · · · · 호스트 번호

○동 ○번지의 아파트 · · · · · · · 1호실

어디에서 구획을 짓느냐는 용도나 규모에 따라 다양하다. 가령 위의 24자리를 네트워크 번호로 구분하면 호스트 부분에는 00000000(10

진수로 0)부터 11111111(10진수로 255)까지 합계 256개의 주소가 들어
간다. A시 A구 A동 1번지의 아파트에는 0호실부터 255실까지의 방을
준비할 수 있다는 말이다.

구획을 짓는 위치는 네트워크 부분의 자릿수에 슬래시를 붙여서 나
타낸다. 이것을 '서브넷 마스크'라고 한다.

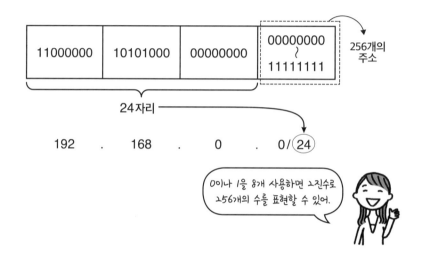

100개의 주소가 필요한데 256개나 되는 주소를 갖는 것은 낭비다.
그럴 경우는 네트워크 부분을 25자리, 호스트 부분을 7자리로 만들면
0000000부터 1111111까지 128개의 방을 준비할 수 있다. 반대로 500
개의 주소가 필요할 때는 네트워크 부분을 23자리, 호스트 부분을 9자
리로 만들면 512개의 주소를 준비할 수 있다.

서브넷 마스크를 조정함으로써 낭비 없이 규모에 맞는 네트워크를 만
들 수 있는 것이다.

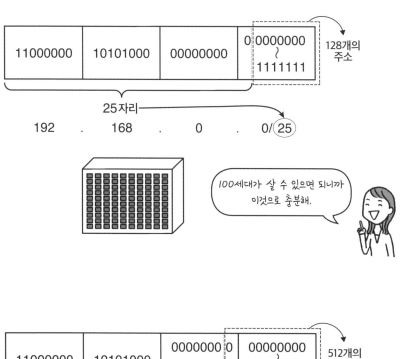

192 . 168 . 0 . 0/(25)

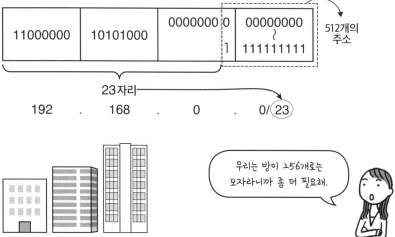

192 . 168 . 0 . 0/(23)

서브넷 마스크를 사용하면 네트워크를 '작게 분할하거나 크게 묶기'

를 간단히 할 수 있다. 다음 그림을 보기 바란다.

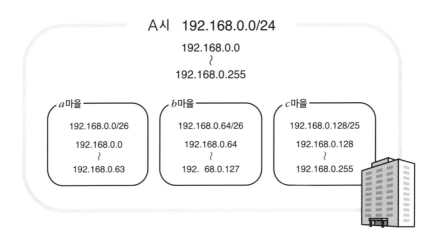

A시에 *a*와 *b*와 *c*의 세 마을이 있고 각각의 주소(IP 주소)가 위의 그림처럼 설계되어 있다고 가정하자. 그러면 A시 밖에 사는 사람이 A시 안의 마을에 소포를 보내고 싶을 때 마을의 자세한 주소를 모르더라도 일단 A시에 보내면 된다. A시청은 자신들의 시에 세 마을이 있는 것을 알고 있으므로 그 다음에는 시청이 분배해 주는 흐름이다.

이것을 네트워크의 세계로 치환하면, IP 주소를 잘 설계할 경우 불필요한 트래픽을 방지할 수 있을 뿐만 아니라 데이터를 수신자에게 분배하는 처리도 편하게 할 수 있다.

실제 네트워크는 상당히 복잡하며, 다양한 요구와 규정을 만족시키면서 효율적으로 통신할 수 있도록 설계·관리된다. 이와 같은 네트워크 관리를 전문적으로 하는 직업을 네트워크 엔지니어라고 하며, 네트워크 엔지니어는 진수 변환에 관한 지식을 갖고 있어야 한다.

빛을 이용해 정보를 전달함으로써 고속 인터넷을 실현하는 광통신은 신호를 수치화한 디지털 신호라는 방법으로 빛을 전달한다. '빛난다'를 1, '빛나지 않는다'를 0으로 생각하고 1과 0을 조합한 빛의 점멸을 전기 신호로 바꿔서 받은 다음 이것을 아날로그 신호로 바꿔 원래의 언어로 되돌리는 방식이다. 광통신은 이러한 빛의 점멸을 빠르게 함으로써 수많은 정보를 단번에 보낸다.

또 텔레비전과 컴퓨터, 스마트폰, 카 내비게이션 등의 화면은 다수 배열된 화소를 빛나게 해서 화상(畵像)을 나타내는데, 화소에 필요한 정보인 위치와 휘도, 색 등을 표시할 때 2진법을 사용한다.

언제 배울까?

한국에서는 기수법이라는 단원을 따로 가르치지는 않는다. 특히 10진법이 아닌 2진법, 5진법 등은 교과서에 나오지 않는다. 하지만 초등학교에서 한 자리의 수, 두 자리의 수, 세 자리의 수, 네 자리의 수 등을 배우면서 십진법의 기본 원리를 익히고 있다.

우리는 일반적으로 10진법에 익숙하기 때문에 처음에는 낯설게 느껴질지 모르지만, 특히 컴퓨터 관련 분야에서는 2진법과 16진법이 꼭 필요하다. 앞으로의 정보화 사회에서 살아남기 위해 꼭 익혀 두자!

최근 들어 IT 기술이 발달하면서 많은 사람이 컴퓨터를 접하게 되었다. 디지털의 세계에서는 숫자 0, 1을 조합함으로써 다양한 정보를 표시한다. 이와 같이 0, 1만으로 수를 나타내는 방법을 2진법이라고 하며, 2진법으로 표시된 수를 2진수라고 한다. 한편 0~9의 숫자를 사용해 수를 나타내는 방법을 10진법이라고 하며 10진법으로 표시된 수를 10진수라고 한다. 10진수를 2진법으로 나타내는 방법과 2진수를 10진법으로 나타내는 방법은 아래와 같다. 이와 관련해 다음 질문에 답하시오.

(10진수를 2진수로 바꾸는 방법)　11을 2진법으로 나타낼 경우

$$
\begin{array}{r}
2)\,\underline{11} \\
2)\,\underline{5} \cdots 1 \\
2)\,\underline{2} \cdots 1 \\
2)\,\underline{1} \cdots 0 \\
0 \cdots 1
\end{array}
$$

11을 2로 계속 나누고 각각의 나머지를 오른쪽에 적는다. 몫이 0이 되고 나머지가 나왔을 때 나머지를 밑에서부터 순서대로 나열한다. 그러면 11은 2진법으로 10111이 된다. 그냥 봐서는 10진법과 2진법을 구별할 수가 없으므로 2진법으로 나타낸 수를 $1011_{(2)}$과 같이 적는다.

(2진수를 10진수로 바꾸는 방법)　$1011_{(2)}$을 10진법으로 나타낼 경우

$$2^3 \times 1 + 2^2 \times 0 + 2 \times 1 + 1 \times 1$$
$$= 8 + 2 + 1$$
$$= 11$$

2진수의 자리는 아래에서부터 1의 자리, 2의 자리, 2^2의 자리, 2^3의 자리…가 되므로, 각 자리의 수에 1, 2, 2^2, 2^3, …을 각각 곱해서 그것을 전부 더한다.

(1) 10진법으로 표시된 23을 위의 방법을 사용해 2진법으로 표시하라.

(2) 2진법으로 표시된 $10101_{(2)}$을 위의 방법을 사용해 10진법으로 표시하라.

인생의
커다란 쇼핑

수열

부동산 중개인

⋯⋯ 　지금까지의 인생에서 가장 큰 쇼핑은 아파트를 산 것이었다. 임대로 들어갈지 집을 살지 한참 고민한 끝에 대출을 받아서 사기로 결정했다. 그리고 지금은 열심히 대출을 갚고 있다. 아파트뿐만 아니라 집이나 땅, 자동차 등 금액이 큰 쇼핑을 할 때 많은 사람이 대출을 받아서 돈을 마련할 것이다. 대출을 받으면 가급적 빨리 갚아 버리고 싶은 것이 인지상정인데, 빨리 갚으려고 무리하다가는 생활이 어려워질 우려가 있다. 그럴 때 대출 계산을 직접 할 수 있다면 마음이 든든하지 않을까?

인생에서 가장 큰 규모의 쇼핑

　어느 주택 전시장에 내 집 마련을 위해 모델 하우스를 돌아다니고 있는 젊은 부부가 있다. 아무래도 마음에 든 물건이 있는 듯, 부동산 중개인에게서 대출에 관한 이야기를 듣고 있었다. 그런데 부동산 중개인의 입에서 차입금, 상환 시기, 금리 모델, 상환 모델, 조기 상환 등등 생경한 용어가 잇달아 튀어나오자 두 사람은 혼란에 빠졌고, 결국 "일단 집에 돌아가서 생각해 볼게요"라는 말을 남긴 채 전시장을 빠져갈 수밖에 없었다. 돌아가는 길에 아내는 남편에게 "대출을 받으려면 생각할 게 많네. 무리 없이 상환하려면 간단한 금리 계산 정도는 우리가 직접 할 수 있어야겠어"라고 말했다. 나도 아파트를 구입할 때 이것저것 조사해야 했기 때문에 그 심정이 충분히 이해된다.

일본에서 주택 대출의 금리는 고정 금리라면 낮을 경우 1~2% 정도일 것이다. 1% 포인트 차이라고 하면 작은 차이라고 생각하기 쉬운데, 과연 그럴까? 차입금을 3억 원, 상환 기간 35년에 원리 균등 상환이라고 가정하면 고정 금리가 1%일 때와 2%일 때의 이자 차이는 약 6,000만 원이나 된다!

3,000만 원의 1%는 30만 원이다. 상환액을 무시하면 차입금은 이듬해에 3억 300만 원, 그 다음 해에 3억 603만 원, 그 다음 해에는 3억 909만 300원이 된다. 전년의 차입금에 1%의 이자가 붙으므로 장기적으로 보면 이자도 무시할 수 없다.

전년의 차입금에 이자가 붙기를 반복하면 일정한 규칙을 바탕으로 수가 변화한다. 그래서 금리의 계산에는 수열의 지식이 꼭 필요하다.

수열이란 어떤 규칙에 따라 나열되는 수의 열이다.

가장 단순한 예는,

$$1, \quad 2, \quad 3, \quad 4, \quad 5 \cdots\cdots$$
$$+1 \quad +1 \quad +1 \quad +1$$

라는 수열이다. 앞의 수보다 1씩 커지는 수의 열이다.

그 밖에,

$$1, \quad 3, \quad 5, \quad 7, \quad 9 \cdots\cdots$$
$$+2 \quad +2 \quad +2 \quad +2$$

와 같이 2씩 늘어나는 것도 수열이라고 할 수 있다.

나열되는 하나하나의 수를 항이라고 하고, 수열의 제n항을 나타내는 식을 그 수열의 일반항이라고 한다.

예를 들어,

$$1, 4, 9, 16, 25\cdots\cdots$$

라는 수열의 일반항을 생각해 보자. 이 수열은,

$$1^2, 2^2, 3^2, 4^2, 5^2\cdots\cdots$$

와 같이 자연수를 각각 제곱하는 규칙으로 나열되는 수열이다.

그러므로 이 수열의 일반항 a_n은, $a_n = n^2$으로 나타난다.

일반항 $a_n = 2n+1$의 경우, 제2항은 $a_2 = 2 \times 2 + 1 = 5$가 된다.

대표적인 수열로 등차수열과 등비수열이 있다.

등차수열
수열의 첫 항에 계속해서 일정한 수를 더해서 얻을 수 있는 수열
등비수열
수열의 첫 항에 계속해서 일정한 수를 곱해서 얻을 수 있는 수열

등차수열의 예로는 앞에서도 나왔듯이

$$1, \quad 3, \quad 5, \quad 7, \quad 9 \cdots\cdots$$
$$+2 \quad +2 \quad +2 \quad +2$$

와 같이 차가 2로 일정한 수열을 들 수 있다.

등차수열의 일반항
$$a_n = a + (n-1)d \quad a:\text{첫 항} \quad d:\text{공차} \quad n:\text{항수}$$

첫 항은 수열의 첫 수, 공차는 일정한 차를 의미한다.

예를 들어 수열 1, 3, 5, 7, 9, …에서는 첫 항 $a=1$, 공차 $d=2$가 되며,

일반항 a_n은, $a_n = 1 + (n-1) \times 2 = 2n-1$

제5항은 $n=5$를 대입해 $a_5 = 2 \times 5 - 1 = 9$로 구할 수 있다.

다음으로, 등차수열의 합을 구해 보자.

첫 항 a, 공차 d인 등차수열의 첫 항부터 제n항까지의 합을 S_n이라

고 하면,

$$S_n = a + (a+d) + (a+2d) + (a+3d) + \cdots + \{a+(n-2)d\} + \{a+(n-1)d\} \cdots ①$$

가 된다. 이 식의 각 항을 거꾸로 나열하여 더하면

$$S_n = \{a+(n-1)d\} + \{a+(n-2)d\} + \cdots + (a+3d) + (a+2d) + (a+d) + a \cdots ②$$

①과 ②의 식을 대응하는 항별로 더하면,

첫 번째 $\quad a_1 + a_n = a + a + (n-1)d$

두 번째 $\quad a_2 + a_{n-1} = a + d + a + (n-2)d$

세 번째 $\quad a_3 + a_{n-2} = a + 2d + a + (n-3)d$

네 번째 $\quad a_4 + a_{n-3} = a + 3d + a + (n-4)d$

$$\downarrow$$

$n-1$번째 $\quad a_{n-1} + a_2 = a + (n-2)d + a + d$

n번째 $\quad a_n + a_1 = a + (n-1)d + a$

제1항과 제n항의 합, 제2항과 제$n-1$항의 합…은 각각 똑같이 $a + \{a+(n-1)d\}$가 된다.

이 합이 n개 생기므로, $2S_n = \{a + a + (n-1)d\} \times n$이 되며,
등차수열의 합 S_n은, $S_n = \dfrac{n\{2a + (n-1)d\}}{2}$ 로 구할 수 있다.

오른쪽 그림처럼 초콜릿이 든 삼각형 상자를 상상해 보기 바란다. 이 초콜릿의 배열을 위에서 내려다보면 첫 항 1, 공차 1인 등차수열 $a_n = 1 + (n-1) = n$으로 채워져 있다!

5단까지 채워져 있을 경우 초콜릿의 수는,

$$S_n = \frac{5\{2 \times 1 + (5-1) \times 1\}}{2} = 15$$ 이므로 15개임을 알 수 있다.

한편 등비수열은 예를 들면,

$$2, \quad 4, \quad 8, \quad 16, \quad 32 \cdots\cdots$$
$$\times 2 \quad \times 2 \quad \times 2 \quad \times 2$$

와 같이 일정한 수를 곱해서 얻을 수 있는 수열이다.

등비수열의 일반항의 공식은 다음과 같다.

등비수열의 일반항
$$a_n = ar^{n-1} \quad a : \text{첫 항} \quad r : \text{공비} \quad n : \text{항수}$$

공비란 일정하게 곱한 값을 의미한다.

예를 들어 앞의 수열에서는 첫 항 $a=2$, 공비 $r=2$가 되며,

일반항 a_n은, $a_n = 2 \cdot 2^{n-1} = 2^n$

제5항은 $n=5$를 대입해서 $a_5 = 2^5 = 32$로 구할 수 있다.

이어서 등비수열의 합을 구해 보자.

첫 항 a, 공비 r인 등비수열의 첫 항부터 제n항까지의 합을 S_n이라고 하면,

$$S_n = a + ar + ar^2 + ar^3 + \cdots + ar^{n-1} \cdots ③$$

이 된다. 이 양변에 r을 곱하면,

$$rS_n = ar + ar^2 + ar^3 + \cdots + ar^{n-1} + ar^n \cdots ④$$

③-④를 하면,

$$S_n - rS_n = a - ar^n$$

이 되며, 이 식을 풀면 등비수열의 합 S_n은,

$S_n = \dfrac{a(1-r^n)}{1-r}$ 으로 구할 수 있다.

도라에몽에 나오는 '두배로'라는 비밀 도구를 아는가? 어떤 물체에 한 방울을 떨어뜨리면 5분 뒤에 그 물체가 두 배로 분열하는 꿈같은 약품이다. 가령 만두 한 개에 두배로를 떨어뜨린다면 25분 뒤에는 몇 개가 될까? 이것은 첫 항이 1, 공비가 2인 등비수열, 즉 $a_n = 2^{n-1}$이다. 25분 후는 $n=6$이므로 $a_6 = 2^5 = 32$개가 된다.

❗ 대출 이자를 계산해 보자

그러면 수열에 관한 지식을 대출 이자 계산에 활용해 보자. 고정금리에 매달 똑같은 금액을 갚는 원리 균등 상환일 경우는 등비수열의 합의 공식을 사용할 수 있다. 예를 들어 차입금 2억 원, 상환 기간 35년, 원리 균등 상환이고 연이율은 2.0%라고 가정하면 매달의 상환 금액은 얼마가 될지 계산해 보자.

먼저, 차입금 2억 원이 35년 뒤에는 얼마가 되는지 생각해 보자. 월이율은 2.0%를 12개월로 나눈 0.0017, 상환 기간은 35년에 12개월을 곱한 420개월이므로,

2억 × $(1+0.0017)^{420}$ ≒ 4억 800만 원

이것을 매달 일정한 금액씩 갚아서 35년 동안 전부 상환하면 되므로, 거꾸로 생각해 매달 a원씩 연이율 2.0%로 저금했을 때 35년 후에 4억 800만 원이 되는 a원을 구하면 그것이 매달 상환해야 할 금액이 된다. 합계 금액을 S라고 하면,

$$S = 1.0017a + (1.0017)^2 a + \cdots + (1.0017)^{419} a + (1.0017)^{420} a$$

잘 들여다보면 이것은 첫 항이 $1.0017a$, 공비가 1.0017, 항수 420인 등비수열의 합이다. 따라서,

$$S = \frac{1.0017a\{(1.0017)^{420} - 1\}}{1.0017 - 1}$$

이것이 4억 800만 원과 같으면 되므로

$$\frac{1.0017a\{(1.0017)^{420} - 1\}}{1.0017 - 1} = 4억\ 800만$$

이것을 풀면, $a \doteqdot 665200$

즉, 매달 66만 5,200원씩 갚아 나가면 됨을 알 수 있다. 참고로 $665,200 \times 420 = 279,384,000(원)$이 되므로 거의 7,940만 원의 이자가 붙는다.

이 계산을 일반화하면 원리 균등 상환의 경우 매달 상환액은 아래와 같은 식으로 계산할 수 있다.

$$매달의\ 상환액 = \frac{차입금액 \times 이율 \times (1+이율)^{상환\ 횟수}}{(1+이율)^{상환\ 횟수} - 1}$$

거듭제곱의 계산이 들어가기 때문에 기간이 길어질수록 작은 금리 차이가 큰 차이를 만듦을 알 수 있다. 앞의 부부도 이렇게 직접 대출 이자를 계산할 수 있다면 적극적으로 내 집 구입을 검토할 수 있을 것이다.

그 밖의 이용

수열은 일상생활이나 업무 속의 다양한 상황에서 사용되고 있는데, 특히 돈과 관련된 일을 할 때 자주 사용된다. 가령 보험 회사나 투자 신탁 은행에서 보험 또는 연금 업무에 종사하는 보험 계리사는 생명 보험이나 연금을 계산할 때 당연하다는 듯이 수열을 사용한다. 수학을 모르면 보험·연금을 전혀 이해할 수 없다고 할 만큼 수학의 지식이 필요한 업무다.

또 투자의 세계에서도 수열을 일상다반사로 사용한다. 부동산 투자를 할 때는 자산이 되는 부동산의 가치를 평가하기 위해 수익 환원법을 사용하는데, 여기에서도 수열을 이용한 계산이 나온다.

그 밖에도 기업의 기획이나 개인 사업 등의 전망이 어떤지 판단할 때 수열의 개념을 이용해 확인할 수 있다.

언제 배울까?

한국에서는 수열을 고등학교 1학년 때 배우는 수학Ⅱ에서 배운다. 하지만 초등학교 과정에서도 규칙 찾기 문제를 다루면서 수열의 기본 원리를 직관적으로 익히고 있다. 이번에 나온 등차수열과 등비수열 외에도 수열의 이웃한 두 항의 차로 이루어진 계차수열이나 연속한 두 항의 합을 나열하여 얻어지는 피보나치수열 등 재미있는 성질을 지닌 다양한 수열이 존재한다. 퍼즐을 푸는 기분으로 수열의 규칙성을 찾아보면 상당히 재미있을 것이다.

문제1

첫 항이 64, 공비가 $-\frac{1}{2}$인 등비수열에서 제6항을 구하시오.

문제2

1, 2, 3, 4, …와 같이 양의 정수가 나열된 수열은 첫 항이 1, 공차가 1인 등차수열이 된다.
다음 수열은 어떤 수열이라고 할 수 있을까? 위의 예에 따라 두 가지 방법으로 표현하라.

1, 1, 1, 1, ……

내년에도 장어를 먹고 싶다

미분

수산 기술자

나는 어렸을 때 장어를 싫어해서 장어 덮밥을 먹을 때면 달콤한 소스가 밴 밥만 골라 먹었다. 어른이 된 지금은 장어의 맛과 가치를 잘 알고 있으므로 밥뿐만 아니라 장어까지 맛있게 먹지만, 얼마 전에 그런 장어의 가격이 급증하고 있다는 뉴스를 들었다. 장어 치어의 어획량이 1960년대에 비해 10분의 1 이하로 떨어졌다는 것이다. 이대로는 장어를 먹을 수 없게 되는 것이 문제가 아니라 이 세상에서 장어가 사라져 버릴지도 모른다.

매년 장어를 먹고 싶다

장어를 굽는 향기가 입맛을 자극하는 가게 앞에서 초등학생 소녀가 엄마에게 "장어 사 줘!"라고 조르고 있다. 엄마는 마지못해 장어를 구입했지만, "올해는 장어가 더 비싸졌네. 가격이 계속 오른다면 내년에는 장어를 못 사먹을지도……"라고 중얼거렸다.

얼마 전에 일본장어가 멸종 위기종으로 지정되었다는 뉴스가 있었다. 일본장어의 치어인 실뱀장어의 어획량이 과거 30년 동안 90% 이상 감소했다고 한다. 이대로 간다면 가까운 미래에 일본장어가 사라져 버릴지도 모른다.

참다랑어의 감소도 문제가 되고 있다. 실제로 장어의 개체 수를 회복시키기 위해 2015년 이후 다 자라지 않은 참다랑어의 어획량을 평균보다 50% 줄인다는 방침이 결정되었다. 다 자라지 않은 참다랑어를 남획하는 바람에 새끼를 낳아야 할 다 자란 참다랑어의 수가 과거에 비해 최저 수준으로 떨어졌기 때문이다.

우리는 넓은 바다 속에 물고기가 무한정 있는 것처럼 생각하기 쉽지만, 톤 단위로 물고기를 잡아들이기 때문에 남획을 거듭한다면 물고기의 수가 줄어들 것이다. 우리는 자원의 양과 미래에 그것이 어떻게 변화할지를 정확히 조사하고 그에 맞춰 물고기를 잡을 필요가 있다. 다만 실제로 바다 속에 얼마나 많은 물고기가 있는지 조사하고 싶어도 한 마리 한 마리 세는 것은 불가능한 일이다.

그렇다면 자원의 양이나 미래에 그것이 어떻게 변화할지를 어떻게 예측해야 할까? 이때 활약하는 것이 미분이다.

📖 미분이란?

먼저 미분의 개념을 설명하겠다. 미분의 개념은 간단히 말하면 '어떤 순간의 변화의 비율에 주목하는' 것이다. 자동차를 운전하다 속도계를 보니 시속 30km를 가리키고 있었다고 하자. 이 상태에서 가속 페달을 조금 더 밟으면 속도계가 가리키는 속도의 값은 당연히 높아진다.

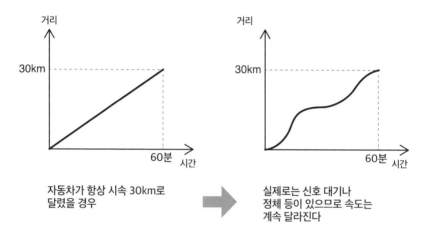

자동차가 항상 시속 30km로 달렸을 경우

실제로는 신호 대기나 정체 등이 있으므로 속도는 계속 달라진다

속도의 예를 좀 더 생각해 보자. 자동차가 달리는 속도가 항상 일정하지는 않으므로 다음의 그림처럼 곡선 그래프가 된다.

그렇다면 달리기 시작해서 40분 후의 순간 속도를 구하고 싶을 경우 어떻게 해야 할까? 그래프의 40분 부근을 조금씩 잡아 늘려 나가면 직선처럼 보이게 된다. 속도는 거리를 시간으로 나눈 값이므로 이 직선의 기울기가 그 순간의 속도인 셈이다.

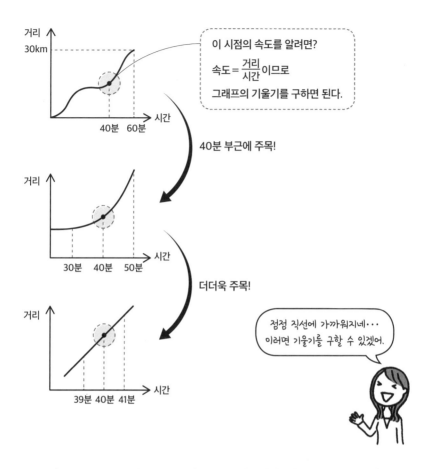

표시 속도는 속도계를 본 순간의 속도다. 이와 같이 어떤 순간의 변화의 비율을 나타낸 것을 미분 계수라고 한다.

미분 계수란?
좌표 평면 위에 있는 함수의 그래프의 어떤 점에 대한 접선의 기울기(순간 변화율)를 나타낸 것

미분에서는 속도를 생각할 때와 마찬가지로 먼저 미분 계수를 구하고자 하는 점을 A로 놓고 그곳에서 조금 떨어진 그래프 위의 점 B를 적당히 잡는다. 이 두 점을 연결한 직선 AB의 식과 그 기울기는 구할 수 있으며, 점 B를 한없이 점 A에 접근시키면 직선 AB는 점 A에 대한 접선이 된다.

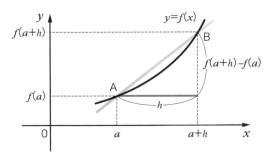

점 A의 x좌표를 a, 점 B의 x좌표를 $a+h$라고 하면 이 접선의 기울기는 아래와 같은 식으로 나타낼 수 있다.

미분 계수의 정의

$$f'(a) = \lim_{h \to 0} \frac{f(a+h) - f(a)}{h}$$

직선이 아닌 그래프의 어떤 점에 대한 접선의 기울기를 구하는 방법은 알았다. 그러면 도함수라고 하는 어떤 점에 대해서나 간단히 미분 계수를 구할 수 있는 방법을 소개하겠다. 개념은 미분 계수와 같다. 겉모습도 미분 계수와 매우 비슷하지만 '함수'이므로 x가 남는 것이 포인트다.

$$f'(x) = \lim_{h \to 0} \frac{f(x+h) - f(x)}{h}$$

이와 같이 어떤 함수의 도함수를 구하는 것을 "미분한다"라고 말한다. 또 자세한 내용은 다루지 않지만 미분한 식을 포함한 방정식을 미분 방정식이라고 한다. 물리 법칙이나 자연 현상의 대부분은 미분 방정식으로 표현되어 있다고 해도 과언이 아니다. 미분 방정식을 만족하는 함수를 찾아냄으로써 다양한 현상을 해명하고 있는 것이다.

미분 방정식은 미래를 예측하는 도구

옛날에는 그 수가 많았는데 지금은 멸종 위기에 놓였거나 이미 멸종해 버린 생물이 많다. 수가 줄어든 생물을 지키기 위해 가령 수산업에서는 어획량을 바탕으로 현재의 자원량이나 그 수가 미래에 어떻게 변화할지를 연구하고 있다. 그리고 그 연구에는 로트카-볼테라 방정식이라는 미분 방정식이 사용된다.

로트카-볼테라 방정식

$$\frac{dx}{dt} = x(A - By)$$

$$\frac{dy}{dt} = y(-C + Dx)$$

A: 피식자의 증가율
B: 포식률
C: 포식자의 사망률
D: 포식자의 증가율

이 미분 방정식은 '피식자(먹이)와 포식자의 관계'를 나타내는 식이다. 피식자와 포식자는 작은 물고기와 상어 같은 관계다. 작은 물고기가 늘어나면 먹이가 늘어나므로 상어의 수가 증가한다. 상어의 수가 증가하면 작은 물고기는 많이 잡아먹히므로 수가 감소한다. 그러면 먹이가 줄어들어 상어의 수가 감소한다……. 이런 식으로 양자는 서로 균형을 유지하면서 생존한다.

일반적인 방정식을 풀면 수치를 얻을 수 있다. 한편 미분 방정식을 풀면 식을 얻을 수 있다. 그 식을 사용해서 미래를 예측할 수 있는 것이다. 그래서 미분 방정식을 '미래를 예측하는 방정식'이라고 부른다. 요컨대 그 분야의 법칙과 현재의 상황을 알면 미래를 예측할 수 있다.

뱀장어나 참다랑어의 경우도 어획량과 수온, 서식지 등의 정보를 바탕으로 현재의 자원량과 그 수가 미래에 어떻게 변화할지를 계산해 예측할 수 있다. 그렇게 하면 어느 정도까지는 잡아도 괜찮은지 어림잡을 수 있으므로 그 종이 멸종의 위기에 몰릴 위험성이 크게 줄어든다.

🔍 그 밖의 이용

혹시 미분을 공부했을 때 어떤 문제가 출제되었는지 기억하는가? 어떤 점에서의 접선의 기울기를 구하거나 접선의 식을 구하거나 극댓값 또는 극솟값을 구하는 데도 사용했다.

그래프의 접선의 기울기를 구한다는 것은 접점과 다른 한 점을 이은 직선의 기울기를 생각할 때, 다른 한 점을 접점에 무한히 가깝게 하는 것이므로 미분의 개념은 근사법에도 자주 이용된다. sin, cos 등의 삼각 함수와 지수, 로그 등은 다양한 이론식에서 사용되고 있는데, 무한히 계속되는 값이기 때문에 그대로 실용화하기 어려울 경우가 있다. 미분의 근사법(테일러 전개 또는 맥클로렌 전개라고 부른다)을 사용하면 삼각함수나 지수, 로그를 포함하지 않는 다항식으로 표현할 수 있게 된다.

다항식이란 수학 수업 시간에 자주 본 $-\frac{1}{2}x+y^2$과 같은 식으로, 컴퓨터 등으로도 계산 처리를 할 수 있다. 복잡한 수식을 실용적으로 사용하기에 문제가 없는 수준까지 적절히 근사시킴으로써 다양한 기술이 실용화되었다. 물리나 공학, 경제학 분야에서도 매우 도움이 된다. 컴퓨터나 스마트폰 등도 미분의 개념이 없었다면 존재하지 않았을 것이다.

그 밖에도 미분 방정식은 용수철의 운동이나 진자의 운동 등 움직임의 법칙을 나타내는 운동 방정식, 속도·온도·밀도를 변수로 물이나 공기의 흐름을 나타내는 방정식, 소리나 빛, 전자파 등의 움직임을 나타내는 방정식 등 물리 현상을 나타내는 방정식으로도 사용되고 있다.

✎ ⋯ 언제 배울까?

한국에서는 미분법을 고등학교 과정의 미적분Ⅰ, 미적분Ⅱ 과목에서 배운다. 미분·적분이라고 하면 '이과 계열의 사람들에게만 필요한 것'이라는 인상이 있을지도 모르지만, 경제학이나 심리학, 통계학에도 필요한 분야다. 특히 미분 방정식은 법칙과 현재의 상황을 통해 미래를 예측할 수 있는 마법 같은 방정식이다.

미래를 수학으로 예측할 수 있다니, 왠지 두근거리지 않는가?

함수 $f(x) = x^3 + x$에 대해 다음 질문에 답하시오.

(1) 도함수 $f'(x)$를 구하시오.

(2) 미분 계수 $f'(-1)$을 구하시오.

사고가 적은 도로 만들기

적분

토목 설계 기사

⋯ 　우리 주위에는 다양한 곡선이 있다. 지금 원고를 쓰고 있는 방 안에만 해도 컵의 원형 테두리, 손에 딱 맞도록 디자인된 컴퓨터용 마우스의 몸체, 완만한 곡선을 그리는 의자와 테이블 등, 잘 들여다보면 여러 가지 곡선을 발견할 수 있다.

　거대한 물건 중에는 아름다운 곡선을 그리는 현수교나 열차 선로의 커브도 있다. 또한 이런 곡선들은 적당히 만들어진 것이 아니라 저마다 큰 의미를 지니고 있다.

❓ ⋯ **쾌적한 운전**

　내 남편은 운전을 좋아해서 휴일이 되면 자주 가족을 데리고 드라이브를 간다. 먼 곳에 갈 때는 고속도로를 이용하게 되는데, 얼마 전에 남편이 "고속도로에서는 빠르게 운전해도 쾌적하단 말이지. 일반 도로에서는 커브를 돌 때 그렇게 쾌적하지 않은데 말이야. 커브가 완만해서 그런가?"라는 말을 했다. 분명히 운전하는 사람은 물론이고 타고 있는 사람도 어딘가 쾌적함을 느낀다. 그 이유가 무엇일까? 실제로 고속도로의 커브에는 어떤 비밀이 숨어 있었다.

고속도로의 커브는 클로소이드 곡선이라는 곡선의 형태를 띠고 있었다. 고속도로의 쾌적한 커브는 토목 설계 기사가 클로소이드 곡선을 사용해 설계한 덕분인 것이다. 클로소이드 곡선은 적분을 사용해서 표현되는 곡선이다. 이렇게 해서 또다시 수학과의 접점이 발견되었다.

적분이란?

여러분은 적분을 기억하고 있는가? 적분은 미분과 함께 배운다. 미분과 적분은 동전의 앞뒷면 같은 관계다. 간단히 말하면 미분은 '어떤 순간의 변화에 주목하는' 조작, 적분은 '어떤 순간의 변화를 축적해 전체의 결과를 보는' 조작이다.

미분과 적분을 자동차 운전에 비유해 보자. 자동차를 운전하다가 문득 속도계를 보니 시속 30km를 가리키고 있었다. 이후 가속 페달을 밟고 다시 속도계를 보니 시속 45km를 가리키고 있었다. 당연한 말이지만 표시 속도는 속도계를 본 순간의 속도를 나타낸다. 1시간 동안 30km를 달린 결과가 아니다. 어떤 순간의 속도, 이것이 미분의 개념이다.

적분은 주행 거리를 구할 수 있다. 자동차가 시속을 매 순간마다 변화시키면서 달린다. 그 수많은 순간을 쌓아서 계산한 것이 주행 거리다. 이것이 적분의 개념이다.

거리=시간×속도

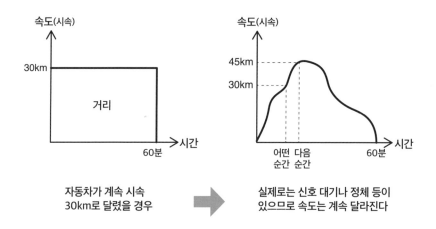

자동차가 계속 시속
30km로 달렸을 경우

실제로는 신호 대기나 정체 등이
있으므로 속도는 계속 달라진다

적분을 좀 더 수학적으로 설명토록 하겠다.

> 적분이란?
> 좌표 평면 위에서 함수가 그리는 그래프와 좌표축으로 둘러싸인 부분의
> 넓이를 구하는 방법(정적분)

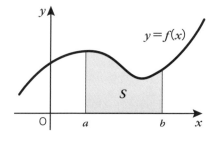

예를 들어 왼쪽 그림처럼 어떤 곡선(a부터 b까지의 범위)과 x축으로 둘러싸인 도형의 넓이 S를 구한다고 가정하자.

이대로는 구할 수가 없으므로 세로로 잘게 잘라서 도형을 길쭉한 직사각형의 집합으로 치환한다. 직사각형의 넓이는 '가로의 길이×세로의 길이'로 구할 수 있으므로 잘게 자른 직사각형의 가로의 길이를 아주 작게 만들면 분할한 직사각형의 넓이를 전부 더했을 때 원래의 도형의 넓이와 거의 같아진다.

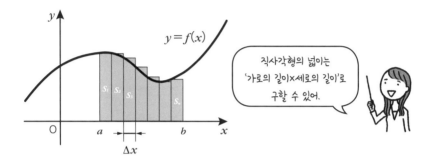

이것이 적분의 개념이다.

곡선의 식을 $y=f(x)$, 도형을 자른 폭을 Δx라고 할 경우, Δx를 한없이 0에 가깝게 만들면 아주 가늘게 분할할 수 있으므로 구하고자 하는 넓이 S에 점점 가까워진다. 이렇게 해서 넓이나 부피를 구하는 방법을 구분구적법이라고 하며, 이것을 응용해서 정적분이 고안되었다.

정적분의 식

$$S = \int_a^b f(x)dx$$

정적분은 위의 식으로 정해진다. 즉 그래프 위에 있는 부분의 넓이를 구체적인 수치 혹은 변수로 나타내는 방법이 정적분이다.

정적분을 사용하면 '넓이'를 구할 수 있다. (가로의 길이)×(세로의 길이)나 (반지름의 길이)×(반지름의 길이)×3.14 등의 공식을 사용할 수 없는 복잡한 곡선으로 둘러싸인 도형의 넓이도 구할 수 있다.

혹시 '넓이를 구할 때만 쓰는 건가?'라고 생각했다면 오산이다. 어떤 시간이나 어떤 장소 등의 변화를 축적한 것이 적분이다. 앞에서 소개한 바와 같이 속도를 쌓아서 주행 거리를 구하는 것도 적분이고, 넓이를 쌓아서 넓이를 계산하는 것도 적분, 앞 장에서 나온 미분 방정식을 푸는 것도 적분이다.

적분을 사용해서 나타내는 곡선으로 클로소이드 곡선이 있다. 클로소이드 곡선은 반지름이 서서히 변화하는 완화 곡선의 일종으로, 자동차를 예로 들면 운전자가 일정 속도로 주행하면서 속도를 떨어뜨리지 않고 핸들을 일정 비율로 천천히 돌리며 운전했을 때 생기는 자동차의 주행선이 클로소이드 곡선이다. 덕분에 자동차가 무리 없이 자연스럽게 커브를 주행할 수 있는 것이다. 그래서 클로소이드 곡선을 안전 곡선이라고도 부른다.

클로소이드 곡선을 식으로 나타내면…….

클로소이드 곡선의 수식

$$x = \int_0^T \cos(\theta^2)\, d\theta \qquad y = \int_0^T \sin(\theta^2)\, d\theta$$

그렇다. 적분이 나왔다. 곡선에 비하면 그다지 식이 간단하지는 않다. 그래프를 그리면 다음 그림과 같은 아름다운 곡선이 된다.

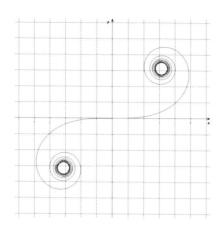

클로소이드 곡선의 효과

그러면 실제로 고속도로를 설계할 때 클로소이드 곡선을 어떻게 활용하는지 살펴보자. 고속도로를 설계할 때는 노선의 직선 부분과 원호 곡선 부분을 연결하는 완화 곡선으로 클로소이드 곡선의 일부를 이용한다. 자동차를 운전하는 독자라면 이해가 쉬울 터인데, 처음 핸들을 돌리기 시작했을 때는 회전 반경이 크지만 계속 돌릴수록 서서히 회전 반경이 작아진다. 핸들을 풀 때도 마찬가지다. 앞에서도 언급했지만, 핸들을 일정한 속도로 돌렸을 때 그리는 커브가 클로소이드 곡선이 된다.

장난감 레일 세트로 커브를 만들 때는 직선 레일에 곡선 레일을 몇 개 연결하고 다시 직선 레일을 연결했을 것이다(그림1). 그런데 실제 도로에서는 이렇게 직선에서 갑자기 커브가 시작되면 커브에 들어선 순간 그 커브에 맞춰서 핸들을 돌리고, 커브를 빠져나온 순간 다시 핸들을 원래의 위치로 되돌려야 한다(그림1: 직진 구간→원호 구간→직진 구간으로 설계한 도로). 이렇게 만들면 커브가 급할 경우 매우 위험하다.

한편 그림2와 같이 직진 구간 → 클로소이드 구간 → 원호 구간 → 클로소이드 구간 → 직진 구간으로 커브를 설계하면 자연스럽게 핸들을 조작할 때 그리는 자동차의 궤적이 클로소이드 곡선이므로 직진 구간에서 클로소이드 구간으로 들어설 때 일정한 속도로 핸들을 돌리고, 원호를 따라서 주행할 때는 핸들을 돌린 채로 고정시켰다가 다시 클로소이드 구간에 들어설 때 핸들을 같은 속도로 푸는 식으로 핸들을 조작하면 된다. 핸들을 같은 속도로 돌리는 것은 운전자에게 편한 조작이므로 매우 달리기 편한 길이 된다.

이와 같이 핸들 조작이 간단하다는 이유에서 도로를 설계할 때 클로소이드 곡선을 많이 채용한다. 핸들 조작이 간단하다는 말은 안전하게 운전할 수 있다는 의미다. 클로소이드 곡선은 사고를 줄이는 도로를 만

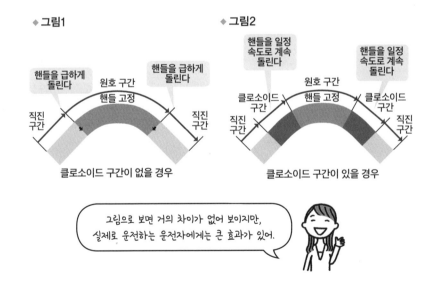

들 때 없어서는 안 될 곡선이다.

클로소이드 곡선은 고속도로 이외에도 많은 도로에 도입되고 있다. 참고로 세계에서 가장 먼저 클로소이드 곡선을 채용한 고속도로는 독일의 아우토반이며, 일본에서는 국도 17호선 미쿠니 고개를 설계할 때 최초로 클로소이드 곡선을 도입했다고 한다. 현재는 세계의 거의 모든 고속도로에 클로소이드 곡선이 도입되어 있다.

그 밖의 이용

클로소이드 곡선은 우리의 생활 속에서 다양하게 활용되고 있다. 가까운 예로는 집에 있는 난간이 그리는 곡선이나 테이블의 곡선이 있고, 철도에서도 곡선 반경이 작을 경우 클로소이드 곡선을 사용한 사례가 있으며, 지하철이나 민영 철도에서 실제로 사용되고 있다. 그 밖에도 클로소이드 곡선은 유원지의 제트코스터, 자동차 엔진에 사용되는 용수철의 단면 등 다양한 분야에서 응용되고 있다. 세로 방향으로 회전

하는 곡선이 완전한 원이면 앞의 고속도로와 같은 원리에서 커브에 들어선 순간 승객에게 부담이 가해져 편타성 손상 등 위험한 상황을 초래할 우려가 있기 때문이라고 한다.

적분은 복잡한 모양의 도형의 넓이나 지구의 넓이 등을 구할 때, 다리나 빌딩 등을 건설하거나 설계할 때, 비행기나 GPS에도 사용되고 있다. 또한 미적분은 어떤 시간이나 장소의 정보로부터 축적한 결과를 계산하거나 축적한 결과로부터 어떤 순간의 상태를 계산할 수 있기 때문에 예측에 사용될 때도 많다. 전지를 사용하면 전기가 흐름에 따라 전지의 에너지가 소비되는데, 에너지가 얼마나 소비되었는지는 전류값을 시간에 관하여 적분함으로써 알 수 있다. 이 기술은 에너지 절약형 가전제품이나 휴대 전화 등에 사용되고 있다.

전자 체온기도 적분을 이용한다. 실제로 그 온도에 도달할 때까지 기다리지 않아도 지금의 변화 상황을 적분하면 예측이 가능하기 때문에 단시간에 체온을 측정할 수 있다.

또한 벚꽃의 개화 시기를 예상할 때는 매일의 평균 기온과 기준이 되는 온도의 차이를 합계한 적산 온도를 이용해 계산하는데, 적산이라는 말에서 알 수 있듯이 이것도 적분이다. 적산 온도는 농작물의 재배 관리나 해충 대책에도 공헌하는 매우 중요한 지표다.

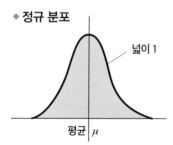

◆ 정규 분포

넓이 1

평균 μ

확률 통계의 세계에서도 리만 적분, 르베그 적분 등 적분이 자주 등장한다.

정규 분포라고 부르는 산 모양의 그래프의 넓이는 1로 정의되어 있다. 이와 같이 적분은 매우 중요하다.

✎ ⸺ 언제 배울까?

　　한국에서는 미적분을 고등학교 과정의 미적분I, 미적분II 과목에서 배운다. 이 세상의 현상을 모델화하면 미분이나 적분을 포함하는 방정식으로 표현될 때가 많기 때문에 미분법·적분법은 이 세상의 현상을 해명하는 수학이라고도 할 수 있을 것이다.

　　미분과 적분은 떼려야 뗄 수 없는 관계다. 양자의 관계를 확실히 이해해 두면 검산을 할 때나 공식을 이끌어 낼 때도 도움이 된다. 미분과 적분의 관계를 생각하면서 학습하면 좋을 것이다.

문제 1

다음 질문에 답하시오.

(1) 다음 부정적분을 구하시오.

$$\int (6x^2 - 2x + 1)\, dx$$

(2) 다음 정적분을 구하시오.

$$\int_{-1}^{2} (6x^2 - 2x + 1)\, dx$$

약의 효과가
지속되는 시간

지수

약사

⊙⊙⊙ ‥‥‥ 나는 알레르기성 비염이 있어서 환경이 조금만 변해도 코가 간질간질하기 때문에 항상 비염 약을 가지고 다닌다. 특히 이벤트나 식전의 사회를 볼 때는 사회자가 코를 훌쩍이는 일이 있어서는 안 되기 때문에 증상이 나타날 것 같으면 미리 의사에게 처방 받은 약을 지시대로 먹는다.

약 봉투를 보면 "하루 몇 번 식전 또는 식후에 복용하세요.", "찬물이나 미지근한 물로 복용하세요.", "다시 복용할 경우는 6시간 이상 지난 뒤에 드셔야 합니다." 등 자세한 지시가 적혀 있다. 안전하게, 그리고 확실한 효과를 내기 위해서는 이런 지시 사항을 반드시 지켜야 한다.

그런데 약의 복용 간격이나 횟수 등은 어떻게 정하는 것일까?

❓ ‥‥‥ 증상에 맞는 약

처방 받은 약을 사려고 어떤 약국에 들어갔는데, 진통제를 사러

온 환자가 약사와 이야기를 나누고 있었다.

"작년에도 진통제를 처방 받았는데, 이번에는 다른 종류군요." 환자가 이렇게 말하자 약사는 "작년하고는 증상이 다르거든요. 그래서 약의 종류도 달라진 겁니다. 갑자기 격렬한 통증이 올 경우는 단시간에 확실히 효과가 있는 것을, 장시간에 걸쳐 계속 아플 경우는 장시간 효과를 발휘하는 것이 필요하지요."라고 대답했다. 이 대화를 듣고 나는 나도 모르게 두 사람의 대화에 귀를 기울였다.

환자 "아하, 같은 진통제라도 효과가 얼마나 지속될 필요가 있는지가 중요하군요."

약사 "그렇습니다. 복용한 약이 몸속에서 어느 정도의 농도가 되는지를 조사하는 것이 중요해서, '반감기'라는 지표를 사용합니다. 약이 작용하는 시간을 재는 기준도 되지요."

환자 "반감기……라는 게 있군요."

약사 "네. 반감기라는 건 간단히 말하면 어떤 물질의 양이 시간이 지남에 따라 감소할 때 그 양이 최초의 절반이 되기까지 소요되는 시간입니다. 대부분의 약은 반감기의 4~5배의 시간이 지나면 대사가 되어서 효과가 사라지는 것으로 알려져 있습니다."

환자 "오, 그렇군요! 반감기를 알면 대략적인 작용 시간도 알 수 있겠군요. 하루에 몇 번을 먹으면 되는지도 알 수 있고요."

약사 "맞습니다. 참고로 약이 어떻게 효과를 발휘하는지를 알려면 혈액 속의 약의 농도인 '혈중 농도'를 계산해야 합니다. 혈중 농도의 공식에는 수학의 지수 함수가 사용되지요."

역시 여기에서도 수학이 필요한 듯하다.

📖 ···· 지수란?

'지수'란 무엇인지 기억을 떠올려 보자. 예를 들어 $2 \times 2 \times 2$와 같이 같은 수를 여러 개 곱한 것을 '거듭제곱'이라고 한다. 이것을 2^3으로 나타내고 '2의 3제곱'이라고 한다. 또 이때의 2를 '밑'이라고 하며, 곱한 횟수를 나타내는 오른쪽 위의 작은 숫자 3을 '지수'라고 한다.

$$\underbrace{2 \times 2 \times 2}_{3\text{개}} = 2^3 \quad \overset{\longleftarrow \text{ 지수}}{\underset{\longleftarrow \text{ 밑}}{}}$$

똑같이 생각해서, a를 n개 곱하면 a^n이 된다. a가 '밑', n이 '지수'다.

지수 n은 밑 a를 몇 번 곱했는지를 나타내며, 밑의 오른쪽 위에 작게 쓴다.

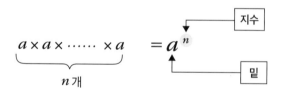

$$\underbrace{a \times a \times \cdots \cdots \times a}_{n\text{개}} = a^{\,n}$$

지수 n은 0이나 음수일 수도 있다.

n이 0일 때, 즉 0제곱은 1로 정의되어 있다.

$$a^0 = 1$$

n이 음수일 때는 역수가 된다.

$$a^{-1} = \frac{1}{a},\ a^{-2} = \frac{1}{a^2},\ a^{-3} = \frac{1}{a^3} \cdots$$

◆ **지수 n에 대한 a의 거듭제곱의 변화**

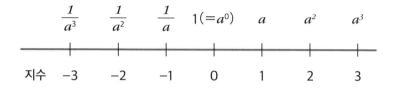

그런데 지수를 사용하면 어떤 점이 편리할까? 지수를 사용하면 큰 수나 작은 수의 계산을 편하게 할 수 있다는 이점이 있다.

$2^2 \times 2^3$은 몇이 될까? $2 \times 2 \times 2 \times 2 \times 2$로 2를 5번 곱하게 되므로 답은 2^5다. 이것은 다음과 같이 지수 부분의 덧셈으로 나타낼 수 있다.

$$2^2 \times 2^3 = 2^{(2+3)} = 2^5$$

지수에서는 다음의 법칙이 성립한다.

$$a^p \times a^q = a^{p+q}\ (a > 0)$$

혹시 지금 '그게 뭐 어쨌다는 거야?'라고 생각했다면 성급한 판단이다. 이 법칙은 매우 중요하다. $10^{298} \times 10^{402}$라는 문제를 풀 때 이 법칙을 모르면 10을 수백 번 곱해야 한다. 그러나 지수 법칙을 사용하면 $10^{(298+402)} = 10^{700}$으로 간단히 계산할 수 있다!

◆ **지수의 성질**

(1) $a^m \times a^n = a^{m+n}$

$2^2 \times 2^3 = (2 \times 2) \times (2 \times 2 \times 2) = 2^{2+3}$

(2) $a^m \div a^n = a^{m-n}$

$2^5 \div 2^3 = (2 \times 2 \times 2 \times 2 \times 2) \div (2 \times 2 \times 2) = 2^{5-3}$

(3) $(ab)^n = a^n \times b^n$

$(2 \times 3)^3 = (2 \times 3) \times (2 \times 3) \times (2 \times 3) = 2^3 \times 3^3$

(4) $(a^m)^n = a^{m \times n}$

$(2^2)^3 = 2^2 \times 2^2 \times 2^2 = 2^{2 \times 3}$

곱셈이 덧셈이 되고,
나눗셈이 뺄셈이 됐어.

🖋 ····· **혈중 농도를 계산해 보자**

약사의 이야기에 나온 혈중 농도의 공식을 소개하겠다. 혈중 농도
란 말 그대로 혈액 속에 있는 약의 성분의 농도다. 이것이 일정 수준 이하
이면 효과가 나타나지 않고, 너무 높으면 부작용을 초래할 위험이 있다.

혈중 농도의 공식

$$C = C_0 \times e^{-kt}$$

C: 그 시점에서의 혈중 농도
C_0: 초기 혈중 농도
e: 자연 로그의 밑
k: 소실 속도 상수
t: 경과 시간

역시 지수가 사용되었다. 언뜻 복잡해 보이는 공식인데, 시험 삼아 계
산을 해 보자.

예 혈중 농도의 반감기가 6시간인 약을 먹었을 때 초기 혈중 농도가
200(μg/mL)일 경우, 12시간 후의 혈중 농도는 몇 (μg/mL)가 될까?

먼저 반감기가 6시간이므로 반감기일 때의 상태를 식에 적용해 보자. 경과 시간 $t=6$, 혈중 농도는 최초 농도의 절반이므로 $C=200\div2=100$ 이다. 이 식을 식에 대입하면,

$$100=200\times e^{-6k}$$

이에 따라,

$$e^{-6k}=\frac{1}{2} \quad \cdots(가)$$

12시간 후의 혈중 농도는,

$$C=200\times e^{-12k}=200\times(e^{-6k})^2$$

(가)를 대입하면,

$$C=200\times(e^{-6k})^2=200\times\left(\frac{1}{2}\right)^2=200\times\frac{1}{4}=50(\mu g/mL)$$

로 구할 수 있다.

이 약의 경우, 약을 먹고 12시간이 지나면 혈중 농도가 최초 농도의 $\frac{1}{4}$이 되는 것이다.

혈중 농도를 계산하는 방법을 알면 약이 효과를 발휘하는 시간뿐만 아니라 약을 끊었을 때 얼마나 시간이 지나야 약의 성분이 몸속에서 사라질지도 대략적으로 알 수 있다.

약을 먹은 뒤에 몸속에서 어떻게 흡수, 대사, 배설되는지 연구하거나 약의 유효성 또는 안전성을 계산하려면 지수 외에도 로그나 미적분 등의 수학을 이용해야 한다. 사람의 몸에 직접 작용하는 약이기에 면밀한 계산이 필요한 것이다.

그 밖의 이용

지수는 크고 작은 다양한 수를 나타낼 때 편리하기 때문에 응용 분야도 넓다. '반감기'라는 용어는 후쿠시마 원자력 발전소 사고 뉴스에서도 자주 들었던 기억이 있을 것이다. 방사성 물질은 원자가 파괴되어 방사선을 방출하면서 다른 원소로 변화한다. 그리고 더 이상 파괴될 수 없는 상태에 이르면 방사선을 방출하지 않게 된다. 이 경우에 반감기는 그 방사선을 방출하는 능력(방사능)이 최초의 절반이 될 때까지 걸리는 시간이다. 감소량은 방사성 물질의 종류에 따라 다르지만, 감소 추세는 지수 함수적이다.

방사성 물질과 지수의 관계는 고고학이나 인류학에서도 사용되고 있다. 방사성 탄소 연대 측정법이 그 예로, 생물 속에 있는 방사성 물질이 사후에 세월의 경과와 함께 감소하는 성질을 이용해 뼈나 나뭇조각 속에 남아 있는 방사성 물질을 측정함으로써 그 생물의 사후 경과 시간

을 조사한다. 이때 방사성 물질의 양과 그 생물이 살아 있던 연대의 관계는 거의 지수 함수로 나타난다.

✎ 언제 배울까?

한국에서는 지수에 대한 기본적인 법칙을 중학교 2학년 1학기 때 배우고, 완성된 형태의 법칙을 고등학교 1학년 과정인 수학Ⅱ에서 배운다. 그리고 지수 함수는 고등학교 과정인 미적분Ⅱ에서 배운다. 지수 덕분에 아주 큰 수나 아주 작은 수를 간단히 표시하고 계산할 수 있게 되었다. 지수 함수에서 로그 함수가 발견되었고, 지수와 로그 모두 빈번하게 변화하는 수나 큰 수를 처리할 때 없어서는 안 될 수학이 되었다.

천문학이나 공학, 기상 등 지수가 필요한 학문은 수없이 많다. 별과 별 사이의 거리 등을 계산해 보면 지수가 더욱 친근하게 느껴질 것이다.

다음 계산을 하시오.

$$6^3 \div 2^4 \times 3^{-2}$$

컴퓨터 저장 장치의 용량을 나타내는 단위로 MB(메가바이트)와 KB(킬로바이트)가 있다. 1MB는 1KB의 2^{10}배다. 이때 0.5MB는 몇 KB인가? 지수를 사용해 가장 간단한 형태로 표시하시오.

친환경 자동차를
만들려면

지수

과학자

지구 온난화와 대기 오염 등 지구 환경에 대한 관심이 날로 높아지고 있다. 기술이 발전해 우리의 생활이 편리해질수록 지구 환경이 파괴된다니, 참으로 슬픈 일이다.

그래서 최근에는 각국이 지구 환경을 생각한 기술을 개발하는 데도 힘을 쏟고 있다. 자동차도 그중 하나다. 자동차의 배기가스에는 수많은 환경오염 물질이 들어 있기 때문에 자동차 배기가스 규제는 매년 강화되고 있으며, 그런 까닭에 배기가스가 가급적 지구 환경에 해를 끼치지 않도록 만들고자 연구가 진행되고 있다. 그리고 그 연구에도 수학이 사용되고 있다.

환경에 해가 되지 않는 자동차

자동차의 배기가스는 탄화수소와 일산화탄소, 질소 산화물 같은 유해 물질이 들어 있어서 광화학 스모그 등의 원인이 되기 때문에 규제를 받고 있다. 이런 자동차의 배기가스를 정화하기 위해 촉매가 이용되고 있는데, 촉매를 사용해 매일 같이 연구 개발을 진행하고 있는 연구자들은 과연 어떤 일을 하고 있을까?

여러분도 중학교에서 산소를 발생시키는 실험을 할 때 '촉매'라는 말을 들어 본 적이 있었을 것이다. 새카만 알갱이(이산화망간)에 과산화수소수를 첨가하면 부글부글 거품이 발생했다. 그리고 발생한 거품에 촛불을 가져가면…불꽃이 커졌다! 이것으로 산소가 발생했음을 확인할 수 있었는데, 이 실험에서의 이산화망간이 바로 촉매다.

촉매란 '어떤 화학 반응을 촉진하는(또는 늦추는) 물질이며, 그 자체는 반응 전후에 변화하지 않는 것'이다.

☆ 이산화망간 자체는 화학 반응에 관여하지 않는다

이와 같은 화학 반응을 예측할 때 없어서는 안 될 식이 있다. 아레니우스 식이다. 이번에도 역시 수학이 등장했다!

아레니우스 식

$$k = A\exp\left(-\frac{E_a}{RT}\right)$$

※ $\exp x$는 e^x를 나타낸다

k: 반응 속도 상수
A: 온도와 관계없는 상수(빈도 인자)
E_a: 활성화 에너지($1mol$당)
R: 기체 상수
T: 절대 온도
e: 자연 로그의 밑

제13교시에서 지수 함수의 기본 법칙을 다뤘는데, 다시 한 번 가볍게 복습해 보자.

지수란?

$a \times a \times a \times \cdots$와 같이 같은 수를 여러 개 곱한 것을 '거듭제곱'이라고 한다. a를 n개 곱한 것을 a^n이라고 쓰고 "a의 n제곱"이라고 말한다. 이때 a를 '밑', n을 '지수'라고 한다.

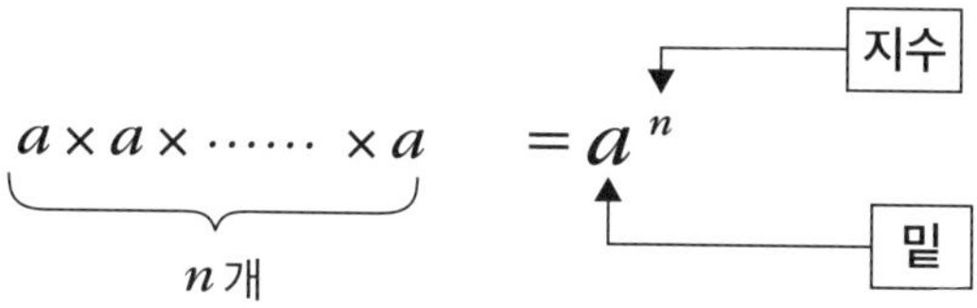

$$\underbrace{a \times a \times \cdots\cdots \times a}_{n \text{개}} = a^n \qquad \text{지수} \quad \text{밑}$$

지수를 x라고 했을 때 $y=a^x$의 형태로 표현되는 함수를 '지수 함수'라고 한다. 이때 a는 1이 아닌 양수다.

지수 함수의 식

$$y=a^x$$

그래프는 다음의 그림과 같다.

$a > 1$일 때는 x의 값이 증가하면 y의 값도 증가하고(단조 증가), $0 < a < 1$일 때는 x의 값이 증가하면 y의 값은 감소하는(단조 감소) 것이 특징이다.

$a > 1$일 때의 그래프는 x축에 거의 붙어 있다가 x의 값이 0을 넘어서는 순간 급격히 증가한다. 한편 $0 < a < 1$일 때의 그래프는 반대로 급격

히 감소하면서 x축에 한없이 가까워지는데, 양쪽 모두 x축과는 절대 만나지 않는다.

우리 주변에서 일어나는 자연 현상은 지수 함수로 모델화되는 경우가 많으며, 그것을 설명할 때는 "지수 함수적으로"라는 표현이 사용된다. 인구의 규모나 구성을 연구하는 인구 통계학이라는 학문에서는 지수 함수를 사용한 모델을 자연 현상이나 사회 현상의 예측에 활용하고 있다.

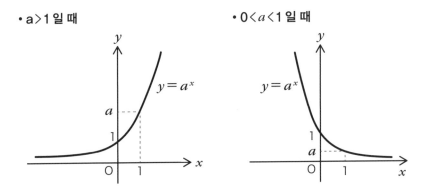

• a>1일 때   • 0<a<1일 때

다양한 촉매

다시 촉매 이야기로 돌아가자. 화학 반응이 일어나기 위해서는 원자나 분자 등의 입자가 충돌해서 재편성이 일어나야 한다.

수소(H_2)   산소(O_2)   물(H_2O)

새로운 분자가 생겼어!

입자가 충돌하고 나아가 재편성의 반응이 일어나기 위해서는 에너지가 필요한데('활성화 에너지'라고 한다), 촉매를 사용하면 더 작은 에너지로 반응을 일으킬 수 있다.

또한 화학 반응의 속도는 온도 등 다양한 조건에 따라 변화한다. 그리고 온도에 대한 반응 속도를 예측하기 위해서는 아레니우스 식을 사용한다.

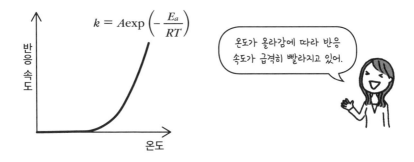

$$k = A\exp\left(-\frac{E_a}{RT}\right)$$

온도가 올라감에 따라 반응 속도가 급격히 빨라지고 있어.

아레니우스 식으로 활성화 에너지를 구할 수 있으며, 어떤 촉매를 사용하면 효율적으로 화학 반응을 일으킬 수 있는지 조사할 수 있다.

화학의 세계에서는 화학 반응을 효율적으로 일으킬 수 있게 해 주는 촉매를 자주 사용한다. 우리 주변에서 일어나는 거의 모든 화학 반응에 촉매가 사용되고 있다고 해도 과언이 아닐 정도다. 그리고 이런 촉매를 이용해 환경에 이로운 자동차도 개발하고 있다. 그 일례가 자동차나 이륜차 등이 배출하는 해로운 일산화탄소, 탄화수소, 질소 산화물 등을 해가 없는 이산화탄소나 물 등으로 바꾸는 촉매다. 자동차용 촉매는 엔진 옆이나 자동차 밑 등 눈에 띄지 않는 장소에 부착되어 있다. 말 그대로 숨은 조력자인 것이다. 이 촉매가 개발되지 않았다면 자동차가 이렇게까지 보급되지 못했을지도 모른다.

자동차 이외에도 다양한 예가 있다. 석유는 인류의 중요한 에너지 자원인데, 유조선에 실려 온 석유 속에는 유황이나 질소 등의 화합물이 많이 들어 있어서 그대로 연료로 사용하면 황산화물이나 질소 산화물을 대량으로 발생시켜 대기를 오염시키기 때문에 촉매를 이용해 이런 유황이나 질소를 제거한다. 또 촉매로 물을 깨끗하게 만들 수도 있다. 공장이나 가정에서 버리는 물에 포함되어 있는 유해 물질을 촉매로 제거하면 단시간에 정화할 수 있을 뿐만 아니라 연료가 되는 가스를 얻을 수 있다고 한다.

원하는 물질을 효율적으로 생성할 뿐만 아니라 유해 물질을 제거하거나 폐기물 등 불필요한 것에서 새로운 연료를 만들어 낼 수도 있다. 이렇게 촉매는 사람과 지구에 이로운 환경을 만드는 데 크게 활약하고 있다.

마지막으로 우리 곁에 있는 촉매를 소개하겠다. 도시락에 후식으로 먹을 사과를 담을 때 변색을 막기 위해 소금물에 담그는 경우가 있다. 그런데 사과는 왜 색이 변하는 것일까? 사과에는 '폴리페놀류'라는 물질과 폴리페놀류의 산화를 촉진하는 '산화 효소'가 들어 있는데, 사과 껍질을 벗기면 과육 속의 폴리페놀류가 공기 속의 산소와 결합한다. 여기에 산화 효소가 '촉매'로 작용해 산소와의 결합을 촉진하기 때문에 갈색으로 변하는 것이다. 사과를 소금물에 담그는 이유는 표면이 공기 중의 산소에 닿지 않게 하는 동시에 촉매인 산화 효소의 활동을 소금

물이 억제하기 때문이라고 한다.

이와 같이 촉매는 우리와 아주 가까운 곳에서 다양한 변화를 일으키고 있다.

그 밖의 이용

지수를 사용하면 큰 수나 작은 수를 알기 쉽게 표현할 수 있다. 그래서 원자나 분자 등을 다루는 화학과 물리의 세계에서 지수가 자주 등장한다. 원자나 분자의 질량수를 설명할 때 나오는 '아보가드로 수'는 6.0221413×10^{23}이다. 또 물리에서 자주 나오는 '볼츠만 상수'는 $1.3806488 \times 10^{-23}$이다.

물질을 원자나 분자 층위에서 제어하는 나노테크놀로지라는 기술이 있는데, 나노테크놀로지의 '나노'는 10억 분의 1이라는 의미로서 분자 하나의 크기에 상당하는 1nm(나노미터)를 나타낸다. 10억 분의 1m이므로 지수를 사용하면 10^{-9}m다. 나노테크놀로지는 반도체 등의 새로운 디바이스나 신소재의 개발, DNA 연구 등에 공헌하고 있다. 그 밖에 큰 금액을 다루는 은행에서 예금 복리를 계산할 때나 투자의 세계에서도 지수를 사용한다.

자연계에서는 지수 함수적으로 증가하거나 감소하는 현상을 자주 볼 수 있다. 방사성 물질은 붕괴를 거듭하며 다른 물질로 변화한다. 방사성 물질의 양은 시간이 지날수록 지수 함수적으로 감소한다. 또한 고도가 높아짐에 따른 대기압의 감소세나 따뜻한 물체가 차가운 환경에 놓여서 차가워지는 추세, 약을 복용했을 때의 혈중 농도 추세 등도 지수 함수로 표현된다.

✎ ⋯⋯ 언제 배울까?

한국에서는 지수와 로그를 고등학교 1학년 과정인 수학Ⅱ 과목에서 배우고, 지수 함수와 로그 함수는 고등학교 과정인 미적분Ⅱ 과목에서 배운다. 지수와 로그는 떼려야 뗄 수 없는 관계로, 둘 다 큰 수나 작은 수를 표현하기에 적합하다.

화학이나 물리와 관련된 분야에서는 반드시 필요한 지식이다. 지수와 로그의 관계에 대해서도 확실히 이해해 두자.

일본에서는 맥주의 양을 나타내는 단위로 mL(밀리리터)를 자주 사용하는데, 벨기에서는 cL(센티리터)를 많이 사용한다. 여기에서 m(밀리)는 10^{-3}, c(센티)는 10^{-2}를 나타낸다. 이때 다음의 질문에 답하시오.

(1) 일본에서 375mL로 표시되는 맥주병의 경우, 벨기에서는 몇 cL로 표시될까?

(2) 벨기에의 어느 양조장에서는 하루에 8hL(헥토리터)의 맥주를 만든다. 여기에서 h(헥토)는 10^2을 나타낸다. 그렇다면 이 양조장에서 하루에 생산하는 맥주의 양은 50cL 들이 병으로 몇 병에 해당할까?

밀리와 센티는 길이의 단위에도 사용되니까, 잘 이해가 안 되면 길이로 바꿔서 생각해 보도록 해.

아주 먼 옛날에
출발한 빛

로그

⋯⋯⋯ 도쿄는 밤에도 불빛이 밝기 때문에 별이 그다지 많이 보이지 않지만, 가끔 여행을 가서 밤하늘을 올려다보면 하늘을 가득 채운 수많은 별에 깜짝 놀라면서 마치 빨려들 것만 같은 느낌을 받게 된다. 어렸을 때 유성이 보고 싶어서 몇 시간씩 하늘을 바라봤던 기억이 나는데, 틀림없이 천문학자들도 별이 가득한 하늘을 바라보며 낭만을 느꼈으리라 생각한다. 이 장에서는 천문학과 수학의 관계를 살펴보도록 하자.

⋯⋯⋯ '광년'은 무엇의 단위일까?

좋아하는 사람과 밤하늘을 올려다보는 것은 참으로 낭만적인 일이다. 그런 부러운 연인들이 밤하늘을 올려다보면서 이야기를 나누고 있다. 여성이 "저 별하고 지구는 얼마나 떨어져 있을까?"라고 묻자, 남성은 "저건 쌍둥이자리의 폴룩스야. 34광년 정도 떨어졌을 걸?"이라고 대답했다. 천문학에 상당히 해박한 모양이다. 그 대답을 들은 여성은 "광년? 1광년은 몇 년이야?"라고 다시 물었다. 그런 생각이 드는 것도 무리는 아니다. 그러자 남성은 "아, 광년은 시간이 아니라 거리의 단위야. 1광년은 빛의 속도로 1년 동안 나아갔을 때 도달할 수 있는 거리인데, 킬로미터로 환산하면 대략 9.46×10^{12}km야."라고 가르쳐 줬다.

"아하, 그렇구나. '년(年)'이 붙었는데 시간이 아니라 거리를 나타낸다니 신기하네. 어쨌든 참 별이 밝고 예뻐!"

"맞아. 1등성이라서 상당히 밝지. 옆에 보이는 별은 같은 쌍둥이자리인 카스토르인데, 그것도 2등성이라서 꽤 밝아. 1등성의 밝기는 2등성의 $\sqrt[5]{100} \fallingdotseq 2.512$배야. 알고 있었어?"

남성의 천문학 이야기는 그 후로도 계속될 것 같다. 이쯤에서 천문학에 꼭 필요한 로그에 관해 살펴보자.

📖 ···· 로그란?

제13교시에서도 이야기했지만, 지수는 아주 작은 수나 큰 수를 다룰 때 편리한 도구다. 그리고 로그도 지수와 마찬가지로 편리한 도구다. 여기에서는 지수와 로그의 관계에 관해 설명토록 하겠다.

로그는 아래와 같이 설명할 수 있다.

> 로그란?
> a가 1이 아닌 양의 수이고 $a^m = M$이라고 할 때,
> m을 a를 밑으로 하는 M의 로그라고 한다.
>
> $$m = log_a M$$

그리고 보니 로그의 설명에 지수가 나왔다. 무엇인가 관계가 있는 듯하다.

사실 지수와 로그 사이에는 아래와 같은 관계가 있다.

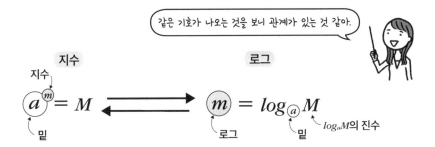

왼쪽의 식은 "a를 m제곱하면 M이 된다"라는 것을 나타낸다. 이것은 지수를 표현하는 방식이다. 한편 오른쪽의 식은 'a를 몇 제곱하면 M이 될까?'의 답이 m이 됨을 나타낸다. 이것이 로그를 표현하는 방식이다.

이 두 식을 잘 살펴보면 순서와 표현은 다르지만 양쪽 모두 a와 m과 M 사이에서 성립하는 관계임에는 변함이 없음을 알 수 있다. 그러면 이해를 돕기 위해 구체적인 수를 대입해 보자.

a를 2, m을 4, M을 16이라고 하면,

$$2^4 = 16 \rightleftarrows 4 = \log_2 16$$

이 된다. 왼쪽의 식은 '2의 4제곱이 16'이라는 것을, 오른쪽의 식은 '2를 몇 제곱하면 16이 될까?'의 답이 4임을 나타낸다. 이것은 두 식 모두 2, 4, 16 사이의 관계는 같음을 보여준다. 이와 같이 지수와 로그는 '같은 것을 다른 표현으로 나타낸 것'이라고 할 수 있다.

지수와 로그의 관계를 알았으니 이번에는 로그의 편리한 성질을 설명토록 하겠다.

지수에서는 $a^0=1$, $a^1=a$였다.

이것을 로그로 치환하면

$$a^0=1 \iff \log_a 1 = 0$$

$$a^1=a \iff \log_a a = 1$$

이다. 또 지수에는 다음과 같은 성질이 있다.

◆ **지수의 성질**

(1) $a^m \times a^n = a^{m+n}$

(2) $a^m \div a^n = a^{m-n}$

(3) $(ab)^n = a^n \times b^n$

(4) $(a^m)^n = a^{m \times n}$

곱셈이 덧셈이 되고, 나눗셈이 뺄셈이 됐어.

지수의 성질에 대응하여 로그에도 다음과 같은 성질이 있다.

◆ **로그의 성질**

(1) $\log_a MN = \log_a M + \log_a N$

(2) $\log_a \dfrac{M}{N} = \log_a M - \log_a N$

(3) $\log_a M^k = k \log_a M$

로그도 지수와 마찬가지로 곱셈이 덧셈이 되고 나눗셈이 뺄셈이 되는 성질이 있구나!

! **로그의 성질**

서로의 성질을 비교해 보면 곱셈이 덧셈이 되고 나눗셈이 뺄셈이 되는 것이 어딘가 비슷하다. 알고 있는 수, 구하고자 하는 수에 따라 지

수로 표현하는 편이 좋은지 로그로 표현하는 편이 좋은지가 달라진다.

지수와 로그를 함께 공부하는 이유는 이 둘이 같은 것을 다른 각도로 표현하는 방식이므로 각 수의 관계를 깊게 이해할 수 있기 때문인 것이다.

생명을 구한 로그

그러면 다시 천문학, 별의 이야기로 돌아가자. 남성은 북극성과 지구의 거리에 관해 이야기하기 시작했다.

"북극성과 지구는 약 430광년 떨어져 있어. 이 말은 약 $9.46 \times 10^{12} \times 430$km 떨어져 있다는 뜻이야. 그러니까 우리가 보고 있는 북극성의 빛은 대략 임진왜란이 일어났을 때쯤 출발한 셈이지"

여성은 남성의 이야기에 푹 빠져든 모양이다. 먼 옛날에 출발한 빛이 시간을 뛰어넘어 지금 이 순간 우리를 찾아왔다니, 감동적인 이야기다.

어쨌든, 로그가 발견됨으로써 앞에서 나온 $9.46 \times 10^{12} \times 430$km 같은 방대한 수를 간단히 계산할 수 있게 되었다. 프랑스의 수학자인 라플라스가 로그의 발견을 "손가락의 골절을 줄이고 천문학자의 생명을 두 배로 늘렸다"라고 절찬했을 만큼, 당시 로그의 발견은 다양한 분야에서 계산의 부담을 줄여 줬다.

그도 그럴 것이, 16세기 당시의 천문학자들은 별의 위치를 계측하기 위해 수십 자리나 되는 수치를 계산했다. 이것은 별의 위치를 확인하기 위해서일 뿐만 아니라 요즘 같이 GPS 위성을 이용해서 위치를 특정할 방법이 없었던 시대였기에 선원들이 별의 위치에 의지해서 배의 현재 위치나 진행 방향을 계산했기 때문이다. 그러나 자릿수가 매우 큰 수치의 계산은 틀리기가 쉬웠고, 잘못된 계산은 항해의 안전을 위협했다. 요컨대 계산은 그야말로 생명이 걸린 일이었다. 그러던 것이 로그의 발명으로 계산의 정확도가 높아짐에 따라 수많은 생명을 구할 수 있었다.

참고로, 19세기에 포그슨이라는 천문학자가 로그를 사용해 별의 밝기를 정의함에 따라 1등성, 2등성 등의 플러스 등성뿐만 아니라 1등성보다 더욱 밝은 0등성, -1등성, -2등성 등 마이너스를 사용해 표현하는 등성도 나타났다. 밝기 측정 기술도 발전해서 현재는 소수점 이하까지 자세히 표현할 수 있다.

별의 밝기 등급은 한 등급이 낮아질 때마다 $\sqrt[5]{100} ≒ 2.512$배 밝아진다. 1등성에 비해 -1등성은 약 6.3배의 밝기, -4등성은 약 100배의 밝기가 된다. 마이너스 등성에는 어떤 별이 있는가 하면, 금성이 -4등성, 태양이 -27등성이다. 마이너스 등성은 상당히 밝음을 알 수 있다.

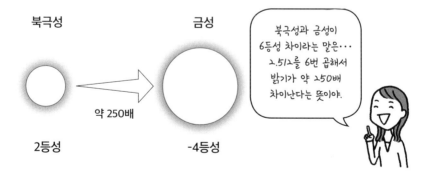

두 별의 등급과 밝기의 관계는 등급을 m_1, $m_2(m_1 < m_2)$, 밝기를 L_1, L_2라고 하면 $m_2 - m_1 = \dfrac{5}{2} \log_{10} \dfrac{L_1}{L_2}$이라는 식으로 정의된다. 여기에서도 역

시 로그가 사용되었다.

⚲⋯⋯ 그 밖의 이용

지금까지의 이야기에서 로그의 공헌도와 응용 범위가 상당하다는 것을 알았을 터인데, 인간의 감각도 로그와 관계가 있다. 예를 들어 같은 무게의 물건을 들었을 때 그것을 무겁다고 느끼는지 가볍다고 느끼는지는 그 사람의 감각에 달려 있는데, 그런 종잡을 수 없는 인간의 감각을 수학적으로 고찰해서 탄생한 법칙이 있다. '베버-페히너의 법칙'이라는 것인데, 이것도 로그가 들어간 식으로 표현된다.

> 베버-페히너의 법칙
> $$Y = a\log X + b$$
> (Y: 감각의 양, X: 자극의 양, a와 b: 상수)

인간의 감각의 양이 자극의 양의 로그에 비례한다니, 참으로 재미있지 않은가?

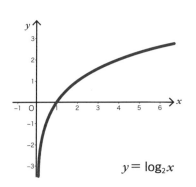

$$y = \log_2 x$$

참고로 밑이 2인 로그의 그래프는 다음과 같은 모양이 된다.

이 그래프에서 x의 값이 커질수록 y의 증가율은 줄어듦을 알 수 있다. 이것을 앞에서 소개한 인간의 감각으로 치환하면 자극의 양이 늘어날수

록 인간의 감각으로 느끼는 양의 차이는 줄어들게 된다. 요리에서 맛을 내기 위해 설탕을 넣을 때, 처음에는 많이 단 것처럼 느껴졌지만 그 뒤로는 아무리 넣어도 별로 더 달지 않았던 경험은 없는가?

미각과 마찬가지로 시각이나 청각 같은 인간의 감각도 이 식처럼 표현된다. 감각이 수식으로 표현된다니 왠지 조금 복잡한 심경이지만, 그만큼 로그의 대단함을 실감하게 된다. 처음에는 계산을 간단히 하기 위해 발견된 로그이지만 그 위력은 상상 이상이었다고 할 수 있을지 모른다.

✏️ 언제 배울까?

한국에서는 로그를 고등학교 1학년 과정인 수학Ⅱ 과목에서 배우고, 로그 함수는 고등학교 과정인 미적분Ⅱ 과목에서 배운다. 로그는 17세기 전반에 삼각 함수 등 방대한 계산을 편하게 하는 방법으로 발견되었다. 로그의 발견에 공헌한 사람 중 한 명인 스코틀랜드의 수학자 존

네이피어는 20년이라는 긴 세월에 걸쳐 로그표를 완성시켰다고 한다.

로그의 발견으로 천문학은 비약적으로 발전했고, 항해의 안전과 인간의 감각에 관한 해명에도 영향을 끼쳤다. 로그가 엄청난 공헌을 한 것이다. 부디 그런 커다란 발전에 공헌한 로그를 음미하면서 공부해 보기 바란다.

문제 1

다음 계산을 하시오. (단, 답은 정수로 구하시오.)

$$\log_2 3 + \log_2 6 - \log_2 9$$

문제 2

다음 방정식을 푸시오.

$$\log_9 x = \frac{1}{2}$$

매끈한 곡선

벡터

그래픽 디자이너

예전에 홈페이지를 만들다가 글꼴이 너무 다양해서 무엇을 써야 할지 고민한 적이 있다. 글꼴은 홈페이지의 전체적인 이미지를 크게 좌우하기 때문이다.

이것은 책도 마찬가지다. 내용도 물론 중요하지만, 무심코 펼쳐 봤을 때 읽고 싶은 마음이 생기느냐 생기지 않느냐를 좌우할 만큼 글꼴은 커다란 힘을 지니고 있다. 같은 내용이라 해도 어떤 글꼴을 사용했느냐에 따라 인상이 완전히 달라진다.

이만큼 큰 영향력을 지닌 글꼴이기에 글꼴을 전문적으로 디자인하는 디자이너도 있다. 그리고 글꼴의 디자인 속에도 수학이 숨어 있다.

윤곽선이란?

나는 컴퓨터 프로그램을 이용해 문서나 전단지, 명함을 만들기도 하고 연하장을 인쇄하기도 하는데, 그럴 때마다 다양한 글꼴을 사용한다. 붓으로 쓴 것 같은 글꼴을 쓰기도 하고, 둥글둥글한 글꼴을 써 보기도 하고……. 이런 식으로 우리가 다양한 글꼴을 사용해 예쁜 문자를 인쇄할 수 있는 것은 윤곽선 글꼴 덕분이다.

윤곽선은 사물의 윤곽이나 바깥쪽의 선을 의미한다. 문자의 경우 문자를 구성하는 윤곽이나 곡선, 직선 등인데, 이런 문자의 윤곽을 나타내는 데 없어서는 안 되는 것이 '베지에 곡선'이라는 곡선이다. 아마도 그다지 귀에 익지 않은 단어일 터인데, 베지에 곡선은 벡터를 사용했을 때 생기는 곡선이다.

📖 **벡터란?**

먼저 벡터에 대해 알아보자.

벡터란?
'방향'과 '크기'를 지닌 양이다.

예를 들어 감귤이 3개 있는 '3개'와 북쪽으로 3킬로미터를 걷는 '3km'를 생각해 보자. 양쪽 모두 같은 '3'이지만, 감귤의 개수에는 방향이 없으며 걸은 거리에는 방향이 있다.

감귤 3개 · 크기뿐

북쪽으로 3km를 걷는다 · 크기와 방향이 있다!

3km · 북쪽

이 걸어간 거리처럼 '방향'을 지닌 양을 '벡터'라고 한다. 예를 들어 다음과 같이 점 A에서 점 B로 향하는 벡터는 $\overrightarrow{AB}$처럼 화살표를 위에 붙여서 표시한다. 또 선분 AB의 길이는 $|\overrightarrow{AB}|$로 나타낸다. 이것을 $\overrightarrow{AB}$ 의 크기라고도 한다.

A ———————→ B

방향 $\overrightarrow{AB}$

크기 $|\overrightarrow{AB}|$

참고로 벡터 $\overrightarrow{BA}$는 크기는 같지만 방향이 반대인 벡터다.

A ←——————— B

방향 $\overrightarrow{BA}$

크기 $|\overrightarrow{BA}|$

벡터는 평범한 수와 마찬가지로 더하거나 뺄 수도 있고 크기를 몇 배로 늘릴 수도 있으며 내적 또는 외적이라는 곱셈 같은 조작도 할 수 있다. 예를 들어 벡터의 덧셈은 벡터 $\overrightarrow{AB}$와 $\overrightarrow{BC}$를 더했을 때 $\overrightarrow{AB} + \overrightarrow{BC}$ $= \overrightarrow{AC}$가 된다.

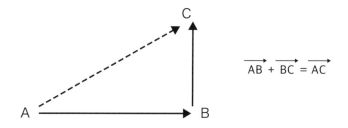

$$\overrightarrow{AB} + \overrightarrow{BC} = \overrightarrow{AC}$$

또 벡터는 좌표를 이용해서도 나타낼 수가 있다. 두 점 $P(p_1, p_2)$, $Q(q_1, q_2)$가 있을 때 점 P에서 점 Q로 향하는 벡터를 $\overrightarrow{PQ}$라고 쓰며, 좌표를 이용해서 나타내 보면 $\overrightarrow{PQ} = (q_1 - p_1, q_2 - p_2)$가 된다. 이때 벡터의 크기 $|\overrightarrow{PQ}|$는 $\sqrt{(q_1 - p_1)^2 + (q_2 - p_2)^2}$ 으로 표현된다.

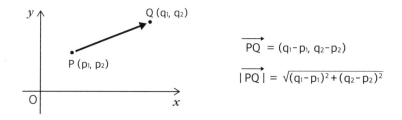

$$\overrightarrow{PQ} = (q_1 - p_1, q_2 - p_2)$$
$$|\overrightarrow{PQ}| = \sqrt{(q_1 - p_1)^2 + (q_2 - p_2)^2}$$

예를 들어 P(3, 4), Q(5, 8)이라고 하면,
$\overrightarrow{PQ} = (5 - 3, 8 - 4) = (2, 4)$, 크기는 $2\sqrt{5}$가 된다.

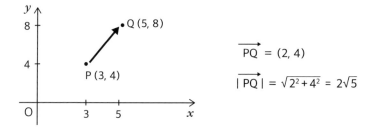

$$\overrightarrow{PQ} = (2, 4)$$
$$|\overrightarrow{PQ}| = \sqrt{2^2 + 4^2} = 2\sqrt{5}$$

이와 같이 좌표와 벡터를 이용하면 점에서 점으로 이동할 때의 방향과 크기를 정확히 나타낼 수 있다.

베지에 곡선이란?

벡터의 개념을 이용해 베지에 곡선이란 무엇인지 간단히 설명해 보겠다. 다음의 그림과 같은 세 점 P_0, P_1, P_2를 생각해 보자.

먼저 P_0, P_1을 연결한 선분 위를 점 P_0에서 점 P_1 방향으로 움직이는 점 Q_1을 생각하고, 다음에는 점 P_1과 점 P_2를 연결한 선분 위를 점 P_1에서 점 P_2 방향으로 움직이는 점 Q_2를 생각한다.

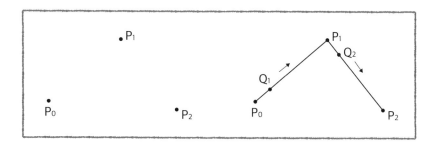

이때 점 Q_1과 점 Q_2가 $|\overrightarrow{P_0Q_1}| : |\overrightarrow{Q_1P_1}| = |\overrightarrow{P_1Q_2}| : |\overrightarrow{Q_2P_2}|$의 관계를 유지하면서 움직인다고 가정하자. 그러면 두 점 Q_1, Q_2가 각각 점 P_0, P_1에서 이동할 때 점 Q_1과 점 Q_2를 연결한 선분은 어떤 곡선의 접선이 되어서 움직인다.

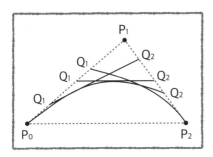

$$|\overrightarrow{P_0Q_1}| : |\overrightarrow{P_1Q_1}| = |\overrightarrow{P_1Q_2}| : |\overrightarrow{P_2Q_2}|$$

이 곡선이 2차 베지에 곡선이다. 그리고 점 P와 점 Q의 수를 늘려 나가면 3차 베지에 곡선, 4차 베지에 곡선이 된다.

벡터와 그래픽 디자인

글꼴을 표현하는 방법에는 앞에서 소개한 윤곽선 글꼴과 비트맵 글꼴이라는 두 종류가 있다. 비트맵 글꼴은 문자의 모양을 점의 집합으로 표현한다. 윤곽선 글꼴에 비해 데이터의 양을 줄일 수 있다는 이점이 있지만, 특정 표시 조건을 가정하고 만들기 때문에 확대나 축소 등으로 변형이 발생하면 사선이나 곡선 부분의 계단이 두드러지거나 글자 모양이 망가지는 결점이 있다.

◆ **비트맵 글꼴**

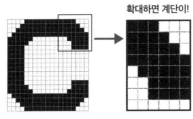

확대하면 계단이!

한편 윤곽선 글꼴은 문자의 형상을 윤곽선으로 표현한 것으로, 벡터 글꼴이라고도 한다. 선의 끝점이나 곡선의 기준점의 좌표 데이터를 바탕으로 문자의 형태를 영상화했기 때문에 비트맵 글꼴에 비하면 데이터의 양이 커진다는 단점이 있지만, 확대나 축소 등 변형을 시켜도 글자 모양이 망가지지 않는다는 장점이 있다.

◆ **윤곽선 글꼴**

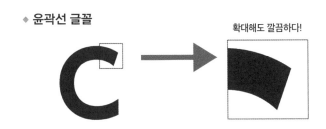

확대해도 깔끔하다!

윤곽선 글꼴은 문자의 변형도 간단히 할 수 있다. 예를 들어 굵게 만들고 싶은 방향으로 기준점 몇 개의 좌표를 벡터로 이동시키면 문자의 모양을 바꿀 수 있다. 움직이는 점과 방향, 크기에 따라 모양을 자유자재로 바꿀 수 있기 때문에 이탤릭체 등으로도 손쉽게 변형시킬 수 있다.

이탤릭체로 변형   가로 방향으로 확대

또한 그래픽 디자이너가 문자를 사용해 디자인을 하고 그 데이터를 인쇄소에 넘겨서 인쇄를 의뢰할 때, 인쇄소에서는 디자이너에게 "데이터를 윤곽선화해 주십시오."라고 지시한다. 이 말이 무슨 의미인가 하면, 다음의 문자를 보기 바란다.

　왼쪽은 윤곽선화가 되지 않은 상태의 문자다. 이 상태라면 디자이너와 인쇄소의 컴퓨터 환경이 다를 경우 인쇄소의 컴퓨터로 데이터를 열었을 때 원본과 다른 글꼴로 출력될 우려가 있다. 한편 오른쪽의 문자는 윤곽선화가 된 상태다. 이 상태로 만들면 문자가 영상화되므로 컴퓨터로 데이터를 열어도 글자 모양이 바뀌지 않는다. 요컨대 디자인한 문자를 그대로 유지할 수 있는 상태가 되는 것이다. 그리고 이 윤곽선화한 문자를 구성하는 것이 앞에서 소개한 베지에 곡선이다.

　그래픽 디자인의 세계에서 표준적으로 사용되고 있는 '일러스트레이터'라는 소프트웨어에서도 베지에 곡선을 이용해 다양한 그림을 그릴 수 있다.

　베지에 곡선을 만드는 양 끝의 두 점과 그것을 제어하는 직선을 다양한 위치와 길이로 움직이며 곡선을 그려 나가는 이미지다. 베지에 곡선을 사용하면 자유자재로 그림을 그릴 수 있다.

게임의 프로그래밍이나 물리학의 세계에서는 벡터의 지식이 필수다. 특히 슈팅 게임이나 스포츠 게임을 프로그래밍할 때는 벡터의 지식이 매우 중요하다. 게임의 프로그래밍에서는 물체와 물체의 거리나 방향을 조사하거나 이동시킬 때 벡터를 사용한다.

예를 들어 슈팅 게임에서 목표물을 향해 총알을 발사할 경우, 자신의 좌표를 $P(p_1, p_2)$, 목표물의 좌표를 $Q(q_1, q_2)$라고 했을 때 자신으로부터 목표물까지의 벡터를 성분을 이용해 나타내면 $\overrightarrow{PQ} = (q_1 - p_1, q_2 - p_2)$가 된다.

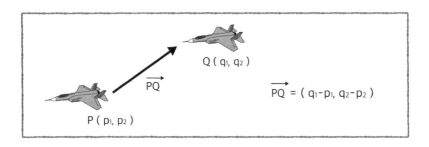

이 벡터 $\overrightarrow{PQ}$로 총알을 쏠 방향을 지정할 수 있다. 또한 벡터의 이동으로 회전하는 총알의 방향을 표현할 수도 있고, 기체가 선회하면서 목표물의 방향으로 총알을 쏘는 데이터 등도 벡터의 내적이나 외적을 이용해 프로그래밍할 수 있다. 게임의 자유로운 움직임도 벡터로 표현되는 것이다.

이와 같이 벡터는 크기나 방향을 부여할 수 있기 때문에 물리 현상을 컴퓨터로 재현할 때도 활용된다.

한국에서는 벡터를 고등학교 과정인 기하와 벡터 과목에서 배운다. 수가 '크기'만을 나타내는 데 비해 벡터는 '크기'와 '방향'을 나타내기 때문에 벡터를 통해 다양한 현상을 표현할 수 있게 되었다.

앞에서 소개했듯이 특히 물리 현상을 표현하는 화상 처리, 그래픽 처리를 할 경우 벡터는 필수적인 지식이다. 응용 범위가 넓은 분야이니 개념을 확실히 이해해 두기 바란다.

문제 1

좌표 평면 위에 두 점 A(-3, 1), B(1, 4)가 있다. 이때 성분을 이용해 $\overrightarrow{AB}$를 나타내시오.

문제 2

좌표 평면 위의 벡터 $\vec{a} = (-3, 4)$에 대해 $\vec{a}$의 크기 $|\vec{a}|$를 구하시오.

바람의 움직임을 읽는다

벡터

기상 예보사

⋯ ⋯⋯⋯ 날씨는 언제나 신경이 쓰이기 마련이다. 나는 아침에 출근하면 밤늦게 퇴근할 때가 많고 직업의 성격상 이동할 일도 많아서 아침에 일기예보를 꼭 확인한다. 그날 어떤 옷을 입을지, 우산을 가지고 가야 할지, 어떤 교통수단을 이용할지 등등 많은 것이 날씨에 따라 달라진다. 또한 최근에는 태풍이나 게릴라성 호우 등의 이상 기후 현상도 나타나고 있어서 일기예보의 중요성이 점점 높아지고 있다.

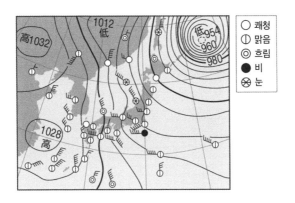

신문이나 텔레비전의 일기예보를 보면 작은 날개가 달린 동그라미가 흩어져 있는 그림을 볼 때가 있을 것이다. 수많은 날개와 동그라미로 대기의 상태를 나타낸 일기도다. 이 한 장의 그림으로 장소별 날씨나 바람의 세기를 알 수 있다. 그런데 이 작은 화살표, 무엇인가와 닮았다는 생각이 들지 않는가?

⍰ 일기예보란?

텔레비전이나 신문의 일기예보를 보면 다양한 기호와 수치, 화살표가 그려진 일기도가 나온다. 어떤 시각의 날씨의 상황을 나타낸 것인데, 각각의 기호에는 어떤 의미가 있을까?

동그라미는 날씨를 나타낸다. 맑은지, 비가 내리고 있는지, 눈이 내리는지 등의 상태를 나타내는 기호는 아래의 표와 같다.

	맑음	갬	흐림	구름 조금	구름 많음
운량	○	◑	◔	◕	●
	비	소나기	진눈깨비	눈	안개
일기	●	▽	＊	＊	≡

이 동그라미에 바람의 방향이나 풍력을 나타내는 화살표 기호가 추가된다. 동그라미에서 튀어나온 직선은 바람의 방향을 나타낸다. 바람이 불어오는 방향으로 선을 그으므로 다음의 그림은 북동쪽에서 부는 바람을 나타낸다.

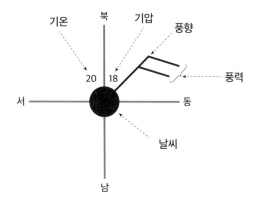

그리고 풍향을 나타내는 선에서 튀어나온 날개 같은 선은 풍력을 나타낸다. 선의 수가 많을수록 풍력이 강하며, 풍력은 전부 13단계가 있다. 참고로 풍력이 0일 경우는 선을 그리지 않는다.

이와 같이 동그라미와 화살표를 통해 날씨는 물론이고 바람의 방향과 세기도 알 수 있다. 어라? 그리고 보니 방향과 세기를 동시에 나타내는 것이 있지 않았던가? 그렇다. 제16교시에 나온 벡터다.

일기도는 물론 기상의 세계에서는 벡터의 개념이 널리 이용되고 있다.

벡터란?

벡터에 관해서는 제16교시에서 설명했는데, 다시 한 번 복습하면 벡터는 '방향'과 '크기'를 지닌 양이었다. 걷는 방향과 거리를 나타내거나 풍향과 세기를 나타낼 수 있었다.

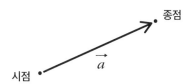

벡터는 실수배의 계산도 할 수 있다. 벡터 $\vec{a}$에 대해 방향은 같고 크기가 두 배인 벡터는 $\vec{a} \times 2 = 2\vec{a}$

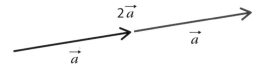

또, 벡터 $\vec{a}$와 크기가 같고 방향이 반대인 벡터를 $\vec{a}$의 역벡터라고 하며 $-\vec{a}$로 표시한다.

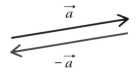

$-2\vec{a}$는 $\vec{a}$와 방향이 반대이고 크기는 2배인 벡터다.

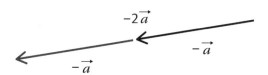

다음으로 벡터의 덧셈과 뺄셈에 관해 설명토록 하겠다. 먼저, 덧셈은 아래의 그림과 같이 $\vec{a}$의 종점에 $\vec{b}$의 시점을 겹쳤을 때 $\vec{a}$의 시점에서 $\vec{b}$의 종점을 연결하는 벡터로 정의한다.

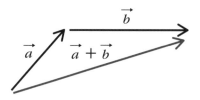

뺄셈은 다음의 그림과 같이 $\vec{a}-\vec{b}=\vec{a}+(-\vec{b})$로 생각할 수 있다.
$\vec{a}$에 $\vec{b}$의 역방향 벡터 $-\vec{b}$를 더하면 된다.

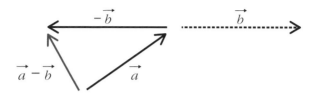

이들 벡터의 실수배, 덧셈, 뺄셈은 문자식의 계산과 똑같은 방법으로 할 수 있다.

예를 들어 $x=2\vec{a}+4\vec{b}-3\vec{c}$, $y=3\vec{a}-\vec{b}+5\vec{c}$일 때 $x+y$를 구하면,

$$x+y=(2\vec{a}+4\vec{b}-3\vec{c})+(3\vec{a}-\vec{b}+5\vec{c})$$
$$=(2\vec{a}+3\vec{a})+(4\vec{b}-\vec{b})+(-3\vec{c}+5\vec{c})$$
$$=5\vec{a}+3\vec{b}+2\vec{c}$$

가 된다.

그 밖에도 벡터에는 '내적'과 '외적'이라는 개념도 있으며, 이들 개념은 물리학과 전자기학에서 자주 사용된다.

┇⋯⋯ 일기예보와 벡터

바람은 왜 불까? 바람은 '기압의 차'에 따라 발생한다. 일기예보에서 저기압·고기압이라는 말을 들어 본 적이 있을 것이다. 고기압은 꾹 응축된 진한 공기의 층, 저기압은 옅은 공기의 층을 떠올리면 된다.

지상 부근에서는 기압이 균일해지도록 진한 쪽에서 옅은 쪽으로 공기가 흐른다. 즉 고기압에서 저기압을 향해 공기가 움직인다. 이와 같은 바람을 일으키는 힘을 '기압 경도력'이라고 한다.

기압의 차에 따라 발생한 바람에는 다양한 힘이 가해진다. 그중에서 아마도 그다지 들어 보지 못했을 힘 중 하나가 '코리올리 힘'이다. 골프장에서 원형 그린이 반시계 방향으로 빙글빙글 돈다고 상상해 보기 바란다. 빙글빙글 도는 그린의 중심에 선 사람이 그린의 끝에 있는 홀을 향해 골프공을 굴렸을 때, 중심에 서 있는 사람이 보면 공이 오른쪽으로 휘어지는 것처럼 보인다. 이와 같은 겉보기 힘을 '코리올리 힘'이라고 한다. 지구는 북극과 남극을 연결하는 지축을 중심으로 하루에 1회전을 하기 때문에 '코리올리 힘'이 발생한다.

그 밖에 공기가 지표면을 움직임에 따라 발생하는 '마찰력'도 있고, 태풍 등 커브를 그리며 흐르는 바람에는 '원심력'이 작용한다.

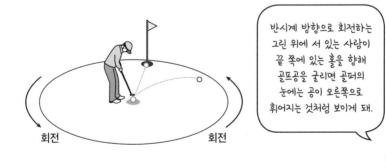

반시계 방향으로 회전하는 그린 위에 서 있는 사람이 끝 쪽에 있는 홀을 향해 골프공을 굴리면 골퍼의 눈에는 공이 오른쪽으로 휘어지는 것처럼 보이게 돼.

회전　　　　　　회전

이와 같은 바람과 힘의 관계도 벡터를 사용해 표현할 수 있다. 수평방향, 수직 방향 등으로 분해해서 생각할 수 있다는 것도 벡터의 편리

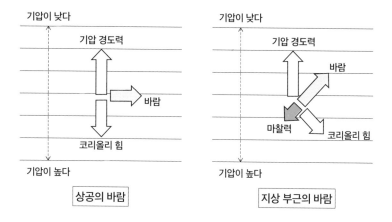

|상공의 바람|지상 부근의 바람|

한 점이다.

바람이 강한 날, 거리에 서 있으면 바람의 방향이나 세기가 수시로 바뀜을 알 수 있다. 바람은 건물이나 가로수의 영향을 받아 계속 변화한다. 일기예보에서 '풍속 ○m'라고 말하는 것은 10분 동안의 평균값일 때가 많다. 평균값의 산출에는 벡터를 사용하는 방법이 있다(사용하지 않는 방법도 있다). 벡터를 사용해 두 바람의 평균을 내 보자.

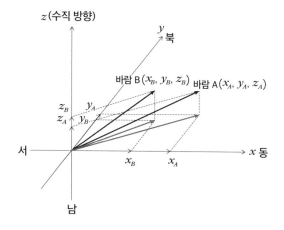

아주 단순하게 바람 A와 바람 B의 평균을 생각하자. 풍속은 보통 수평 성분만으로 생각한다고 한다.

바람의 평균값을 생각하는 방법에는 여러 가지가 있는데, 여기에서는 간단히 각각의 남북 성분과 동서 성분을 더해서 2로 나눈 값을 평균값으로 삼자.

크기는 $\sqrt{\left(\dfrac{x_a+x_b}{2}\right)^2 + \left(\dfrac{y_a+y_b}{2}\right)^2}$ 으로 계산할 수 있다.

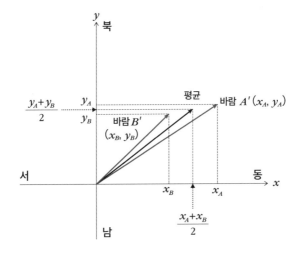

평균값 이외에 높이가 다른 두 점에서의 바람의 속도 벡터 차이인 '온도풍'을 계산할 때도 벡터가 사용된다.

🔍 그 밖의 이용

크기와 방향을 지닌 벡터는 속도나 힘을 나타내는 분야에서 자주 사용된다. 우리가 사는 세상에서는 바람의 방향이나 물의 흐름을 벡터로 나타낼 수 있으므로 새나 요트의 움직임도 벡터를 사용해 계산한다. 요트는 바람을 이용해 바람이 불어가는 쪽뿐만 아니라 바람이 불어오는 쪽을 향해서도 나아갈 수 있는데, 이 원리도 벡터로 힘의 관계를 나타내면 쉽게 이해할 수 있다.

또 벡터라고 하면 역시 물리학과와의 관계를 빼놓을 수 없다. 애초에 벡터는 물리학에서 속도나 힘을 생각할 때 필요한 크기와 방향을 지닌 양으로 고안된 것이다. 벡터에는 내적과 외적이라는 계산 방법이 있다. 벡터의 내적은 어떤 물체를 이동시킬 때 필요한 일의 양을 나타내는 것이다. 한편 외적은 물체를 회전시키려 하는 힘(모멘트)을 나타낼 때 자주 사용된다. 특히 3D 게임에서 내적과 외적의 지식은 모르면 제작이 불가능할 만큼 중요하다.

그 밖에도 전력이나 자력을 포함하는 힘의 변화도 벡터를 사용해 나타내고 계산할 수 있다.

✏️ 언제 배울까?

한국에서는 벡터를 고등학교 과정인 기하와 벡터 과목에서 배운다. 크기와 방향을 지닌 벡터는 평면뿐만 아니라 공간에서도 똑같이 정의할 수 있다. 또한 벡터는 행렬의 계산으로 이어지며, 행렬은 선형 대수나 양자 역학, 전자기학 등의 분야로 연결된다.

그러므로 수학의 다양한 분야의 관계를 이해하면서 배워 나가면 더더욱 이해가 깊어질 것이다.

문제 1

정육각형 ABCDEF에서 $\overrightarrow{AB}=\overrightarrow{a}$, $\overrightarrow{BC}=\overrightarrow{b}$라고 할 때, 벡터 $\overrightarrow{CE}$를 $\overrightarrow{a}$와 $\overrightarrow{b}$를 이용해 나타내시오.

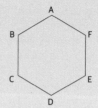

문제 2

공간에 두 벡터 $\overrightarrow{a}=(-1,\ 2,\ -2)$, $\overrightarrow{b}=(-5,\ 0,\ 6)$이 있다. 이때 성분을 이용해 $3\overrightarrow{a}-\overrightarrow{b}$를 나타내시오.

잘 팔리는 데는 이유가 있다

행렬

마케팅 조사원

여러분은 물건을 살 때 어떤 기준으로 선택하는가? '빵은 부드러운 게 좋아', '커피는 산미가 있어야지', '샴푸는 머리를 차분하게 만들어 주는 게 최고야' 등등, 사람에게는 저마다 자신만의 취향이 있다.

수많은 상품 가운데 어떤 것이 더 많은 사람의 선택을 받을까? 이것을 조사할 방법이 있다면 상품을 파는 쪽에도 큰 도움이 될 것이다.

설문 조사로부터 무엇을 알 수 있을까?

어떤 상품을 구입했을 때나 레스토랑 또는 호텔 등을 이용했을 때, 상품이나 서비스에 대한 설문 조사를 받는 경우가 있다. 그 결과는 어떻게 활용되고 있을까? 언뜻 상품이나 서비스와는 아무런 관계도 없을 것 같아 보이는 결과도 분석해 보면 어떤 관계성이 보일 때가 있다.

회수한 설문 조사 결과를 분석하는 수법에는 여러 가지가 있는데, 중요한 점은 데이터의 종류가 무엇인지 분석함으로써 '무엇을 알고 싶은

가?'라는 목적에 맞춰서 분석 수단을 고르는 것이다. 그런 설문 조사 분석에 사용되는 수법 중 하나로 '주성분 분석'이라는 방법이 있다. 주성분 분석이란 '다양한 데이터를 혼합함으로써 그 본질을 찾는' 수법이다. 언뜻 제각각으로 보이는 데이터가 많을 때 시점을 바꿔서 그 데이터들의 관계성(순위 등)을 알아내고자 사용한다.

예를 들어 어떤 상품에 관한 설문 조사 결과를 정리할 경우, 그 상품의 어떤 점을 중시해서 구입했는지 조사할 때 등에 도움이 된다. 그리고 이 주성분 분석을 할 때 사용되는 것이 '행렬'의 지식이다.

📖 ⋯ 행렬이란?

'행렬'이라고 하면 가게 앞에 생기는 사람들의 긴 행렬을 떠올릴지도 모르겠는데, 수학에서 말하는 행렬은 무엇일까? 간단히 말하면 '수를 직사각형이나 정사각형이 되도록 나열한 것'이다. 줄을 세우는 것은 같지만 여기에는 독특한 규칙이 정해져 있다.

> 행렬이란?
> 수를 직사각형이나 정사각형 모양으로 나열한 것. 행렬의 각 수를 '성분'이라고 하고, 가로줄을 '행', 세로줄을 '열'이라고 한다.

가령 어떤 학급의 학생의 국어와 수학 시험 점수를 적은 아래와 같은 표가 있다고 가정하자.

	국어(점)	수학(점)
A 학생	50	77
B 학생	85	90
C 학생	63	65
D 학생	72	57

이 표의 점수(수)만을 추출해서 적으면,

$$\begin{pmatrix} 50 & 77 \\ 85 & 90 \\ 63 & 65 \\ 72 & 57 \end{pmatrix}$$

가 된다. 이렇게 수치만을 추출하면 점수의 분포나 차이 등을 살피기가 용이해진다. 이와 같이 수만을 추출해서 가로세로로 늘어놓고 그것을 괄호로 묶은 것이 수학의 '행렬'이다.

행렬도 계산을 할 수 있다. 덧셈이나 뺄셈은 같은 위치에 있는 수를 각각 더하거나 뺌으로써 계산할 수 있다.

◆ **행렬의 덧셈·뺄셈**

$$\begin{pmatrix} a & b \\ c & d \end{pmatrix} + \begin{pmatrix} a' & b' \\ c' & d' \end{pmatrix} = \begin{pmatrix} a+a' & b+b' \\ c+c' & d+d' \end{pmatrix}$$

$$\begin{pmatrix} a & b \\ c & d \end{pmatrix} - \begin{pmatrix} a' & b' \\ c' & d' \end{pmatrix} = \begin{pmatrix} a-a' & b-b' \\ c-c' & d-d' \end{pmatrix}$$

마찬가지로 행렬의 곱셈은 같은 위치에 있는 수를 서로 곱해서는 안 된다. 행렬의 곱셈은 다음과 같이 계산한다.

◆ **행렬의 곱셈**

$$\begin{pmatrix} a & c \\ b & d \end{pmatrix} \begin{pmatrix} x \\ y \end{pmatrix} = \begin{pmatrix} ax + cy \\ bx + dy \end{pmatrix}$$

$$\begin{pmatrix} a & b \\ c & d \end{pmatrix} \begin{pmatrix} e & f \\ g & h \end{pmatrix} = \begin{pmatrix} ae + bg & af + bh \\ ce + dg & cf + dh \end{pmatrix}$$

규칙이 정해져 있구나.

예를 들면,

$$\begin{pmatrix} 3 & 8 \\ -1 & 4 \end{pmatrix} \begin{pmatrix} 2 & 5 \\ 4 & -2 \end{pmatrix} = \begin{pmatrix} 3\times2+8\times4 & 3\times5+8\times(-2) \\ -1\times2+4\times4 & -1\times5+4\times(-2) \end{pmatrix}$$

$$= \begin{pmatrix} 38 & -1 \\ 14 & -13 \end{pmatrix}$$ 이 된다.

규칙에 따라 계산하면 되므로 간단하다.

행렬에는 단위행렬과 역행렬이라고 부르는 것이 있다. 단위행렬은 수로 치면 '1'과 같은 것이다. 수에 1을 곱해도 그 수는 변하지 않듯이, 어떤 행렬에 단위행렬을 곱해도 그 행렬은 변하지 않는다. 2행 2열의 행렬일 경우, 단위행렬 E는 다음과 같다.

$$E = \begin{pmatrix} 1 & 0 \\ 0 & 1 \end{pmatrix}$$

이 단위행렬 E를 이용했을 때 어떤 행렬 A에 대해 $AX=XA=E$가 되는 행렬 X를 A의 역행렬 A^{-1}이라고 하며, 다음과 같이 표시한다.

$$A = \begin{pmatrix} a & b \\ c & d \end{pmatrix} \text{ 일 때, } A^{-1} = \frac{1}{ad-bc} \begin{pmatrix} d & -b \\ -c & a \end{pmatrix} \quad (\text{단, } ad-bc \neq 0)$$

이제 행렬의 계산 규칙을 알았지만, '행렬을 만들면 뭐가 편리하지?'라는 의문이 들지도 모른다. 행렬에는 여러 가지 용도가 있다.

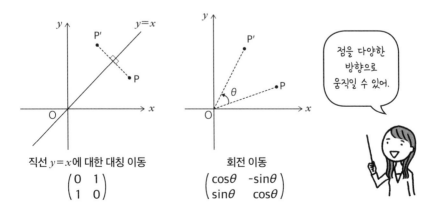

직선 $y=x$에 대한 대칭 이동
$$\begin{pmatrix} 0 & 1 \\ 1 & 0 \end{pmatrix}$$

회전 이동
$$\begin{pmatrix} \cos\theta & -\sin\theta \\ \sin\theta & \cos\theta \end{pmatrix}$$

점을 다양한 방향으로 움직일 수 있어.

첫째는 점이나 벡터 같은 좌표의 변환이다. 정해진 행렬을 위치를 나타내는 $\begin{pmatrix} x \\ y \end{pmatrix}$로 곱함으로써 좌표를 확대(축소)하거나 대칭 이동 또는 회전 이동시킬 수 있다.

또 행렬은 연립 방정식을 풀 때의 도구로도 사용된다.

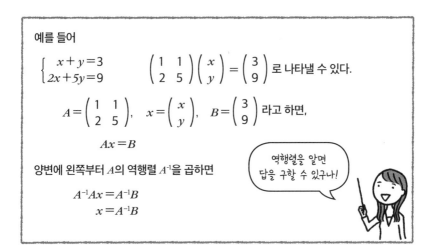

예를 들어

$\begin{cases} x + y = 3 \\ 2x + 5y = 9 \end{cases}$ $\qquad \begin{pmatrix} 1 & 1 \\ 2 & 5 \end{pmatrix} \begin{pmatrix} x \\ y \end{pmatrix} = \begin{pmatrix} 3 \\ 9 \end{pmatrix}$ 로 나타낼 수 있다.

$A = \begin{pmatrix} 1 & 1 \\ 2 & 5 \end{pmatrix}, \quad x = \begin{pmatrix} x \\ y \end{pmatrix}, \quad B = \begin{pmatrix} 3 \\ 9 \end{pmatrix}$ 라고 하면,

$$Ax = B$$

양변에 왼쪽부터 A의 역행렬 A^{-1}을 곱하면

$$A^{-1}Ax = A^{-1}B$$
$$x = A^{-1}B$$

> 역행렬을 알면 답을 구할 수 있구나!

행렬을 사용하지 않고 대입법이나 가감법으로 연립 방정식을 손쉽게 풀 수 있을 때도 있지만, 변수가 많아지면 그만큼 풀기가 어려워진다. 물론 역행렬의 계산식도 변수가 많으면 복잡해지지만 프로그램을 이용해서 계산할 수 있으므로 편리하다.

주성분 분석을 이용해 데이터를 읽는다

주성분 분석을 이용한 데이터 분석이란 무엇일까? 실제 분석을 설명, 계산하기는 어려우니 여기에서는 대략적인 이미지를 설명하겠다.

예컨대 빵에 관한 설문 조사를 살펴보자. 식빵 8종류의 맛과 식감에

대해 취향에 맞는지 그렇지 않은지 10점 만점으로 설문 조사를 실시했다. 다음은 그 결과다.

◆ 식빵에 관한 설문 조사 결과

식빵	a	b	c	d	e	f	g	h
맛	2.5	1	3	3.5	1.5	4.5	2	4
식감	4.5	3	3.5	2	4	2	2.5	1

이제 이 결과를 가로축이 '맛', 세로축이 '식감'인 좌표 평면 위에 기입하면 아래의 그림과 같이 된다.

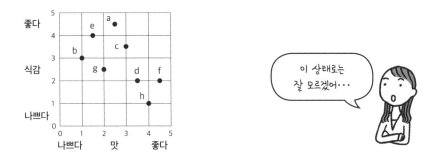

이 상태로는 잘 모르겠어…

점이 사방으로 흩어져 있어서 이 상태로는 특징을 알 수가 없다. 그러니 아래의 그림처럼 선을 그어 보자.

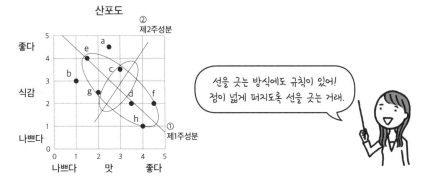

산포도

선을 긋는 방식에도 규칙이 있어! 점이 넓게 퍼지도록 선을 긋는 거래.

①의 선은 오른쪽 아래로 갈수록 '맛이 마음에 든다', 왼쪽 위로 갈수록 '식감이 마음에 든다'가 된다. 한편 ②의 선은 오른쪽으로 갈수록 '맛도 식감도 마음에 드는' 빵이라는 뜻이다. 이렇게 축을 다시 설정하면 식빵의 특징을 파악하기가 용이해진다.

새로운 축을 설정했으면 다음에는 '주성분 점수'라는 새로운 값을 계산한다. '주성분 점수'는 식빵의 특징을 파악하기 위한 새로운 지표로, 제1주성분 점수, 제2주성분 점수가 각각 결정된다. 각 주성분 점수를 기입한 것이 아래의 그림이다(계산 생략).

종합 평가

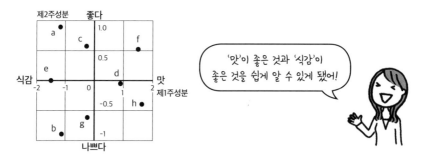

점이 퍼져 있는 것에는 변함이 없지만, 축을 다시 설정하자 각 식빵의 특징을 파악하고 분류하기가 용이해졌다. 아주 간단히 말하면 주성분 분석은 '언뜻 평면에 흩어져 있는 듯이 보이는 데이터를 특징이 잘 보이도록 축을 재설정하고 나아가 우열을 결정하기 위한 점을 찍는' 분석 방법인 셈이다. 이때 분석에 최적인 축을 찾아내서 주성분 점수를 계산하기 위해 수많은 변수를 다룰 필요가 생기는데, 행렬은 이와 같은 복잡한 계산에 도움이 된다.

드셔 보세요~

주성분 분석을 사용한 데이터 분석 방법은 상품 개발을 위한 조사나 설문 조사 결과의 분석은 물론이고 스포츠 팀의 분석, 각국의 습관이나 사고방식의 분석, 화상 처리 등 폭넓은 분야에서 사용되고 있다.

그 밖의 이용

앞에서 이야기했듯이 행렬은 점이나 벡터 등의 좌표를 교환하거나 연립 방정식을 풀 때 사용된다. 게임 프로그래밍, 특히 3D 게임의 경우는 프로그램을 짤 때 행렬에 관한 지식이 필수다. 게임 프로그래밍의 세계에서는 '월드 변환 행렬', '뷰 변환 행렬' 등으로 부르는 행렬이 있어서, 대상을 회전시키면서 이동시키거나 사용자의 시야를 변환하는 등의 복잡한 움직임을 표현하기 위해 사용한다.

연립 방정식을 푸는 도구로서는 전기 회로 설계 분야에서 전압이나 전류를 계산하기 위해 사용되고 그 밖에도 기상 변화의 계산이나 비행기의 구조 계산 등에 사용되는 등 여러 분야에서 긴요하게 사용되고 있다.

또 CT 스캔 기술에 사용되는 푸리에 변환에도 행렬이 쓰일 때가 있다.

✎ ⋯ 언제 배울까?

한국에서는 2009년에 교육과정이 개편되면서 행렬을 배우지 않게 되었다. 그러나 이것은 '필요가 없어서'가 아니다. 특히 이과 계열, 물리학이나 해석학 분야에서는 행렬의 지식이 필수다.

행렬을 이용한 계산이나 1차 변환은 나도 매우 좋아하는 분야였다. 이과·문과에 상관없이 즐겁게 공부해 보기 바란다.

문제 1

2차 정사각 행렬 $A = \begin{pmatrix} 1 & -2 \\ -3 & 5 \end{pmatrix}$, $B = \begin{pmatrix} 4 & 1 \\ 3 & 1 \end{pmatrix}$에 대해 곱 AB를 구하시오.

편리해진
생활

복소수

전기 회로 설계자

맞벌이를 하는 우리 가정은 가전제품의 도움을 많이 받고 있다. 가전제품 덕분에 우리의 생활은 상당히 편리해졌다. 텔레비전, 세탁기, 에어컨, 식기 세척기……. 최근에는 청소 로봇까지 등장해 우리의 생활을 도와주고 있다.

그런데 이렇게 편리한 가전제품을 만들려면 전기 회로가 필요하다. 흔히 '사회로 나오면 수학은 아무 쓸모도 없잖아?'라고 생각하기 쉬운데, 전기 회로의 세계에서는 수학이 매우 중요하다.

직류와 교류

중학교 과학 수업에서 전기가 흐르는 방식에 관해 공부했을 때 '직류와 교류'의 두 가지 방식이 나왔던 것을 기억하는가?

　구체적인 예를 들면, 직류는 건전지나 자동차의 배터리 등이다. 리모컨 등 건전지를 사용하는 전기 제품은 전지를 넣는 방향이 정해져 있다. 이것은 직류용 전기 제품이기 때문이다. 또 학교에서 전지에 꼬마전구를 연결해서 불을 켜는 실험을 해 봤을 터인데, 이 전기도 흐르는 방향과 크기가 일정하므로 직류다.

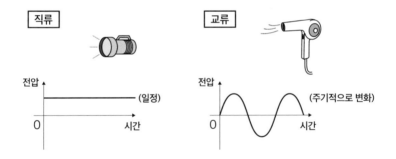

　한편 우리가 일반적으로 가정에서 사용하는 전기는 거의 전부 교류라고 할 수 있다. 콘센트에 꽂아서 사용하는 전기나 가로등에 사용되는 전기는 교류다. 전기 제품을 콘센트에 꽂아서 사용할 경우, 플러그를 어떤 방향으로 꽂든 문제없이 사용할 수 있다. 이것은 교류용 전기 제품이기 때문이다.

앞에서 교류란 '전류의 방향과 크기가 주기적으로 변화하는 전기의 흐름'이라고 말했는데, 교류의 전압은 시간에 대해 일정한 주기로 플러스와 마이너스를 왕복한다. 그래프를 그리면 다음과 같은 식이다.

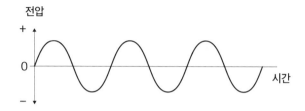

마치 물결을 연상시키는 그래프다. 제8교시에서 삼각 함수를 소개할 때 언급했지만, 이렇게 같은 폭으로 진동하는 파동은 원의 주위를 빙글빙글 도는 점의 움직임을 이용해 표현할 수 있다.

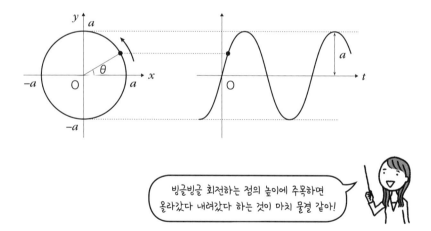

빙글빙글 회전하는 점의 높이에 주목하면 올라갔다 내려갔다 하는 것이 마치 물결 같아!

그리고 이렇게 물결처럼 진동하는 움직임을 설명하거나 계산할 때 복소수를 활용한다.

그런데 복소수란 무엇일까? 이 의문을 풀기에 앞서서 먼저 수의 종류에 관해 생각해 보자. 평소에 우리가 다루는 수(실수)에는 여러 종류가 있다.

---

① 정수

0, 그리고 0에 1을 더하거나 뺌으로써 얻을 수 있는 수

$\Rightarrow$ -2, 0, 5 등

② 자연수

정수 중에서 양의 수 $\Rightarrow$ 1, 2, 3 등

③ 유리수

분자는 정수이고 분모는 0 이외의 정수인 분수로 나타낼 수 있는 수 $\Rightarrow$ $0.3(=\frac{3}{10})$, $\frac{1}{3}$, $\frac{15}{13}$ 등

④ 무리수

유리수가 아닌 실수 $\Rightarrow$ π, $\sqrt{2}$, $-\frac{1}{\sqrt{7}}$ 등

그림으로 그리면 다음과 같은 관계가 된다.

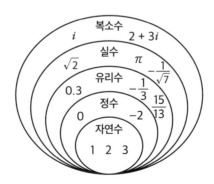

①~④의 수를 '실제로 존재하는 수'라는 의미에서 '실수'라고 부른다. 그리고 실수와 대비되는 '실제로 존재하지 않는 수'를 '허수'라고 부른다. 허수는 허수단위 i를 사용해 나타내며, $i^2 = -1$로 정의된다.

실제로 존재하지 않는 수? 그런 걸 만들 필요가 있나? 이런 생각을 한 독자 여러분도 있을 것이다. 그렇다면 이렇게 생각해 보자. 사과가 3개 있다. 여기에서 2개를 먹으면 나머지는 몇 개일까? 3-2이므로 1개다. 4개를 먹었다면? 3개밖에 없으므로 4개를 먹기는 불가능하지만, 계산상으로는 3-4=-1이 된다. 이번에는 기온을 예로 들어 생각해 보자. 섭씨 18°C보다 30°가 낮은 기온은? 18-30=-12이므로 섭씨 -12°C다. 음수는 눈에 보이지 않지만 이와 같이 편리하게 사용할 수 있다. 허수도 마찬가지다. 실제로는 존재하지 않는 수이지만 허수를 정의해 놓으면 편리할 때가 있다.

그리고 실제로 존재하는 수 '실수'와 실제로는 존재하지 않는 수 '허수'를 조합한 것이 복소수다. 복소수를 정의함으로써 지금까지 수로 다룰 수 없었던 허수도 실수와 똑같이 다룰 수 있게 되었다.

> **복소수란?**
>
> $$a, b를 \text{ 실수}, i = \sqrt{-1}, (i^2 = -1)\text{이라고 할 때},$$
> $$a+bi\text{의 형태로 표현되는 수}$$

실제로 존재하지 않는 수를 만들면서까지 복소수를 정의하는 이유는 무엇일까? 복소수의 성질을 살펴보자.

복소수 $a+bi$에 허수 i를 여러 번 곱해 보자. i를 네 번 곱하면 원래의 복소수($a+bi$)로 돌아간다(아래 그림 참조). 이것은 $i^2=-1$이라는 성질 때문이다. i를 네 번 곱하면 $i^4=i^2\times i^2=(-1)\times(-1)=1$이 되어 1을 곱한 것과 같아지는 것이다.

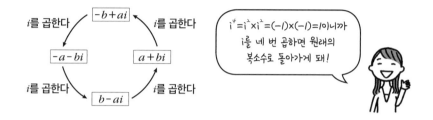

앞에서 같은 수를 계속 곱하는 것을 거듭제곱이라고 하고 지수를 사용해 표현했음을 떠올려 보자. 복소수를 사용하면 지수 계산이 간단해질 것 같지 않은가?

다음으로 이 움직임을 평면에 대해 생각해 보자. 좌표 평면 위에 실수와 허수를 나타낸 것을 복소평면(가우스 평면)이라고 한다. 통상적인 좌표 평면에서는 가로축이 x축, 세로축이 y축이지만, 복소평면에서는 가로축이 실수, 세로축이 허수를 나타낸다. 그러므로 복소수의 표현법인 $a+bi$에서 a는 점의 x좌표를, b는 점의 y좌표를 나타내게 된다.

◆ **복소평면**

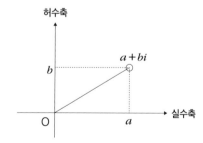

복소수 $a+bi$에 허수 i를 곱해 나가면 $i^2=-1$이라는 성질에 따라 i를 곱할 때마다 반시계 방향으로 $90°$씩 회전함을 알 수 있다. 이와 같은 좌표 위의 회전 운동은 $90°$씩 회전하는 삼각 함수와 닮았다는 생각이 들지 않는가?

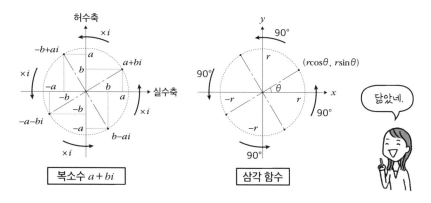

복소수는 복소평면 위에서 어떤 점 z와 원점 O의 거리를 r, x축과 이루는 각을 θ라고 했을 때 삼각 함수를 사용해,

$$z=a+bi=r\cos\theta+ir\sin\theta$$

로 나타낼 수 있다. 이 식을 극형식이라고 한다.

극형식의 개념을 발전시킨 결과 드무아브르의 정리가 증명되었다.

> **드무아브르의 정리**
>
> $$(\cos\theta+i\sin\theta)^n=\cos n\theta+i\sin n\theta$$

드무아브르의 정리를 이용하면 삼각 함수의 n배각의 공식 등이 유도된다. 또 이것을 더욱 발전시킨 결과 가장 아름다운 공식으로 불리는 오일러의 공식도 발견되었다.

오일러의 공식

$$e^{i\theta} = \cos\theta + i\sin\theta$$

오일러의 공식은 삼각 함수와 지수 함수를 허수를 통해 연결시키는 공식이다. 그야말로 허수라는 존재가 있기에 발견할 수 있었던 식인 것이다. 허수가 삼각 함수와 지수 함수를 맺어 준 큐피드라고 할 수 있을지도 모른다. 오일러의 공식은 특히 이공계 학문에서 중요하게 응용되는 식으로, 이 식 덕분에 양자 역학이 크게 발전했다고 한다.

전기 회로와 복소수

교류의 전압은 플러스와 마이너스를 오가며 물결처럼 움직인다. 그래서 교류의 전압이나 전류는 삼각 함수의 sin을 사용한 사인파라는 식으로 표현된다.

A는 파동의 높이를, θ는 파동의 위치(각도)를 나타내는 값으로, 각각

사인파의 식

$$y = A \cdot \sin\theta$$

'진폭'과 '위상'이라고 한다. 회로를 설계하기 위해 계산을 할 때는 진폭과 위상의 값이 다른 다양한 파동의 식을 더하고 빼고 곱하고 나누고……,

나아가서는 미분이나 적분도 해야 한다. 회로가 복잡해질수록 삼각 함수만으로 계산하기는 어려워지는데, 이때 복소수가 등장한다. 복잡한 삼각 함수의 계산에는 복소수가 위력을 발휘한다. 극형식을 이용해 파동을 표현하고, 나아가 드무아브르의 정리나 오일러의 공식을 이용하면 어려운 계산도 간단히 풀 수 있게 된다. 복잡한 전기 회로를 설계할 때는 삼각 함수뿐만 아니라 지수 함수와 복소수가 꼭 필요한 것이다.

그 밖의 이용

실수의 세계에서는 해(解)가 없는 방정식도 허수까지 수의 세계를 확장하면 해를 구할 수 있다. 그래서 복소수는 미분 방정식과 함께 사용될 때가 많다. 제11교시에서 언급했지만, 미분 방정식은 미래를 예측하는 식으로서 다양한 물리 현상을 해석하는 데 사용되고 있다.

양자 역학에서는 '전자는 입자인 동시에 파동이다'라고 생각하는데, 양자 역학의 세계에서는 단순히 파동의 계산이 쉬워진다는 이유에서 복소수를 사용하는 것이 아니라 복소수를 사용하지 않으면 상태를 기술할 수 없다고 여긴다. 복소수는 그만큼 중요한 도구인 것이다.

한국에서는 복소수를 고등학교 1학년 때 배우는 수학 I 과목에서 다룬다. 하지만 고등학교 과정에서 복소평면은 다루지 않는다. 그러나 여러분이 이과 계열의 대학교 학과에 진학한다면 대부분 복소평면을 배우게 될 것이다.

실수만의 세계에서 허수를 포함한 복소수의 세계로 세계를 확장한 것은 수학의 발전에 수많은 영향을 끼쳤다. 허수의 개념을 도입한 결과 해가 없었던 것이 해를 갖게 되고 계산이 편해지는 등, 그 효과는 이루 헤아릴 수가 없다. 게다가 복소평면을 통해 복소수는 삼각 함수, 벡터와 연결되었고, 드무아브르의 정리와 오일러의 공식이 발견되기에 이르렀다. 만약 복소수가 발견되지 않았다면 지금의 수학이나 물리, 그리고 우리의 생활은 크게 달라졌을지도 모른다.

문제 1

다음 계산을 하시오(단, i는 허수 단위를 나타낸다).

$$(1 + i)^2$$

문제 2

다음 계산을 하시오(단, i는 허수 단위를 나타낸다).

$$(\cos 15° + i\sin 15°)^3$$

수학의 미해결 문제에 도전한다

점화식

수학자

😊 ······ 지금까지 수학이 우리의 직업이나 생활 속에서 어떻게 이용되고 있는지, 또 어떻게 도움이 되고 있는지 소개했다. 언뜻 수학과 아무 상관이 없어 보이는 직업에도 수학이 필요하다는 사실을 이해했을 것이다.

그러면 이번에는 가장 난해한 수학을 다루는 직업을 소개하겠다. 그렇다. 수학 자체를 다루는 수학자다. 사실 내가 수학과에 진학한 이유도 해결되지 않은 문제에 도전하는 수학자들을 동경했기 때문이었다.

❓ ····· 피보나치수열

수학자는 문자 그대로 수학을 연구하는 직업이다. 전 세계의 미해결 문제를 수학을 통해 해결해 나간다. 오늘날까지 완전히 증명되지 않은 수학 문제는 무수히 많다.

과거의 수학자 중에 재미있는 발견을 한 수학자를 한 명 소개하려고 한다. 이탈리아의 레오나르도 피사노라는 수학자다. 1202년에 출간된 그의 책 《산반서》에는 유명한 문제가 실려 있다.

머릿속이 혼란스러워지는 문제인데, 그림으로 나타내면 다음과 같은 식이다.

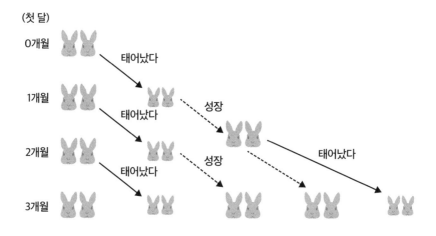

첫 달을 0개월로 생각하고 세어 나가자. 모든 토끼의 쌍은 생후 1개월에는 그대로이며 2개월 후부터 쉬지 않고 새끼를 낳는다. 매달의 토끼 쌍의 수에 주목하며 그 달의 토끼 쌍의 수를 적어 보자. 그러면,

1, 1, 2, 3, 5, 8, 13, 21, 34, ……

와 같이 이어진다. 이 수열에는 어떤 규칙이 있을까?

눈치챘는가? 그렇다!

제n항을 a_n으로 표시하면,

$$a_1=1, \ a_2=1, \ a_3=1+1=2, \ a_4=1+2=3, \ a_5=2+3=5,$$
$$a_6=3+5=8, \ a_7=5+8=13, \ \cdots\cdots$$

과 같이 제3항 이후는 앞의 두 항을 더한 수가 된다. 이 수열을 '피보나치수열'이라고 부른다. 이 피보나치수열을 좀 더 수학적으로 나타내면,

$$a_1=a_2=1, \ a_n=a_{n-2}+a_{n-1} \ \ (n=3, 4, 5, 6, \cdots\cdots)$$

이 된다. 그리고 $a_n=a_{n-2}+a_{n-1}$과 같은 식을 '점화식'이라고 한다.

물론 점화식도 수학에서 배운다.

점화식이란?

점화식에 관해 조금 더 자세히 설명토록 하겠다. 앞에서 소개한 피보나치수열처럼 어떤 수열이 있을 때 그 수열의 항 사이에 성립하는 관계식을 그 수열의 '점화식'이라고 한다.

제10교시의 수열에서 이야기한 등차수열이나 등비수열도 점화식을 사용해 나타낼 수 있다. 가령,

1, 4, 7, 10, 13, 16, 19, ······

와 같이 첫째항이 1이고 3씩 증가하는 등차수열의 점화식은,

$$a_1=1, \ a_n=a_{n-1}+3 \ (n=2, 3, 4, \cdots\cdots)$$

이 된다. 마찬가지로,

1, 2, 4, 8, 16, 32, ······

와 같이 첫째항이 1이고 계속 2배가 되는 등비수열의 점화식은,

$$a_1=1,\ a_n=2\times a_{n-1}\ (n=2,\ 3,\ 4,\ \cdots\cdots)$$

로 나타낼 수 있다.

그 밖에도 등차수열이나 등비수열이 아닌 수열, 가령,

$$1,\ 5,\ 13,\ 29,\ 61,\ \cdots\cdots$$

이라는 언뜻 알쏭달쏭한 수열도 앞항과의 관계를 생각해 보면,

$$a_1=1,\ a_n=2\times a_{n-1}+3\ (n=2,\ 3,\ 4,\ \cdots\cdots)$$

과 같이 점화식으로 나타낼 수 있다.

이와 같이 수열의 항 사이에 성립하는 점화식을 구하면 수열의 제n항 a_n(일반항이라고 한다)을 구하는 식으로 연결시킬 수 있다.

예를 들어 제일 먼저 소개한 등차수열의 점화식에서 일반식을 구해 보자. 점화식 $a_n=a_{n-1}+3$을 변형시키면, $a_n-a_{n-1}=3$이 되어 바로 앞의 수와의 차(공차)가 3임을 알 수 있다. 첫 수(첫째 항) a_1은 1이므로 이 등차수열의 일반항은,

$$a_n=1+3(n-1)=3n-2$$ 가 된다.

⚠ ⋯⋯ 1년 후에는 토끼가 몇 마리?

앞에서 소개한 토끼 문제에서 토끼의 쌍이 증가하는 방식이 피보나치수열을 따른다고 하면 1년 후, 10년 후에는 토끼가 몇 쌍으로 증가할까? 앞의 점화식을 사용해 피보나치수열의 일반항을 구한 식이 있다.

$$F_n = \frac{1}{\sqrt{5}} \left\{ \left(\frac{1+\sqrt{5}}{2} \right)^n - \left(\frac{1-\sqrt{5}}{2} \right)^n \right\} = \frac{\phi^n - (-\phi)^{-n}}{\sqrt{5}}$$

$$\text{단, } \phi = \frac{1+\sqrt{5}}{2} \simeq 1.618\cdots\cdots$$

상당히 복잡한 식이다. 이 식을 사용하면 몇 년 후에는 토끼가 몇 쌍이 될지를 구할 수 있다. 참고로 1년 후(12개월 후)를 계산하면 233쌍이며, 10년(120개월) 후에 몇 쌍이 될지를 계산하면 무려 약 867조×10^{10}(10의 10제곱)쌍으로 불어난다. 정신이 아득해질 것만 같은 수다.

그 밖에도 자연계에는 피보나치수열이 넘쳐난다. 꽃잎의 수나 나선을 그리면서 박혀 있는 해바라기 씨의 수, 파인애플이나 솔방울의 비늘 모양에도 피보나치수열이 숨어 있다고 한다. 무슨 말인가 하면, 아래의 그림처럼 한 변의 길이가 피보나치수열의 수가 되는 정사각형을 만들고여기에 그 정사각형의 한 변을 반지름으로 하는 사분원을 그려 나가면다음과 같은 나선이 만들어진다.

◆ 피보나치수열과 도형의 관계

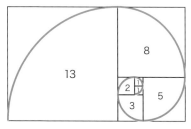

※ 정사각형 안의 수는 그 정사각형의 한 변의 길이를 나타낸다

이 나선이 우리가 사는 세상 속에 존재한다는 것이다. 물론 전부 완벽하게 들어맞는 것은 아니지만 비슷한 값인 모양이다. 이렇게 생각하니 피보나치수열이 참으로 신비한 수로 느껴진다.

⚲······ 그 밖의 이용

점화식을 보고 '수열하고 비슷하네'라고 느낀 사람도 있을지 모른다. 수열은 '어떤 규칙에 따라 나열되는 수의 관계'를 나타낸 식이었다. 그러므로 수열의 식의 경우는 언제라도 어떤 항의 값을 구할 수 있다. 한편 점화식은 '어떤 규칙에 따라 나열되는 수열의 항과 항의 관계'를 나타낸 식이다. 점화식의 경우는 어떤 항의 값을 모르면 그와 관계가 있는 다음 값을 예측할 수가 없다.

다시 말해 점화식은 '과거와 현재의 데이터가 있으면 그 데이터를 통해 미래를 예측할 수 있는' 식이라고 할 수 있다.

예를 들어 자금을 운용할 때, 자금이 매년 5%씩 증가한다면 올해의 자금 a_{n+1}은 작년의 자금 a_n의 1.05배가 되므로 $a_{n+1} = 1.05 \times a_n$이라는 점화식으로 계산할 수 있다. 그 밖에도 대출 잔액의 계산이나 자금의 배분 문제, 재고 문제 등 현재의 값을 알면 점화식으로 미래를 예측할 수 있는 것이 많다.

여러분도 자주 사용하고 있을 지하철의 최단 경로 안내에도 점화식이 활용된다. 오른쪽 그림처럼 3×3의 바둑판처럼 생긴 길이 있을 때, 출발 지점에서 도착 지점까지 가는 최단 경로는 몇 가지가 있을 것이다. 이 정도라면 점화식을 이용하지 않아도 풀 수 있다. 출발 지점에서

한 칸 오른쪽(*a*행 나열)으로 가기 위한 방법의 가짓수는 1패턴, 한 칸 위(*b*행 가열)로 가기 위한 방법의 가짓수는 1패턴, 그렇다면 대각선 위(*b*행 나열)로 가기 위한 방법의 가짓수는 (*a*행 나열)을 지나가는 패턴과 (*b*행 가열)을 지나가는 패턴의 수를 각각 더해서 2패턴……. 이런 식으로 왼쪽의 수와 아래의 수를 더하면 되는 것이다.

그러나 실제 경로는 길의 수가 더 많고 복잡하다. 길에 따라 소요 시간도 달라진다. 그럴 경우는 소요 시간을 점수로 나타내고 가중치를 부여해 계산한다. 이와 같이 복잡한 최단 경로 문제를 풀 때는 다양한 알고리즘을 사용하는데, 이때 점화식이 사용된다.

물리학자, 과학자, 고고학자, 의학자, 심리학자 등 다양한 분야의 학자들은 이번에 소개한 피보나치수열을 비롯해 지금까지 수학자들이 해명해 낸 이론을 참고하며 연구를 진행하고 있다. 앞으로 상금까지 걸 만큼 어려운 문제인 푸앵카레 추측도 증명되어 물리학이나 천문학의 발전에 크게 기여할 것이다. 또 어떤 지도든 네 가지 색깔만 있으면 이웃한 땅이 다른 색이 되도록 칠할 수 있다는 4색 정리는 지도 작성과 휴

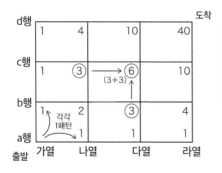

*c*행 다열에 도착하기 위한 최단 거리는 왼쪽에서 올 경우와 아래에서 올 경우의 두 가지가 있으니까 각 패턴의 수를 더하면 돼.

대 전화의 기지국을 배치하기 위한 주파수의 할당 등에 활용되고 있다. 그리고 조건부 확률에 관한 베이즈 정리는 정보 공학 분야에서 발전했다.

또한 페르마의 마지막 정리의 경우, 이 정리를 증명하려고 시도하는 과정에서 다양한 정리가 발견되어 활용되고 있다. '다니야마-시무라 추측'은 페르마의 마지막 정리를 증명하는 데 사용된 정리로, 소립자 연구와 암호 이론 등에 응용되어 수학과 물리학의 세계에 새로운 개념을 만들어 냈다.

우리가 지금 편리하고 평화로운 세상에서 살고 있는 것도 과거의 수학자들이 수많은 수학의 난문을 풀어 낸 덕분이다. 그렇게 생각하면 수학은 모든 학문에 없어서는 안 될 중요한 기반이 되는 학문이라고 할 수 있을지 모른다.

　　한국에서는 점화식을 고등학교 1학년 때 배우는 수학Ⅱ 과목에서 다루고 있다. 언뜻 봐서는 알 수 없는 규칙성도 점화식을 찾아내면 명확하게 드러난다. 주어진 정보로부터 관계를 간파해 미래를 예측하는 점화식. 사용하기에 따라 활용성이 크게 넓어지는 분야다.

문제 1

아래의 수열 $\{F_n\}$을 피보나치수열이라고 한다.

　　1, 1, 2, 3, 5, 8, 13, 21, 34, 55, 89, …

피보나치수열은 첫째항과 제2항과 점화식을 이용해 다음과 같이 나타낼 수 있다.

　　$F_1 = 1,\ F_2 = 1,\ F_{n+2} = F_{n+1} + F_n$

피보나치수열의 짝수 항을 −1배한 수열 $\{a_n\}$

　　1, −1, 2, −3, 5, −8, 13, −21, 34, −55, 89, …

가 있다. 이 수열 $\{a_n\}$을 첫째항과 제2항과 점화식을 이용해 나타내시오.

새로운 향을
만들어 내는 조향사

비율

💬 ········ 얼마 전에 친구를 만난 적이 있는데, 친구가 장미향 같은 화사한 향기가 나는 새 향수를 뿌리고 왔다. 우리는 "향수를 뿌리면 기분 전환이 돼서 좋아" 같은 이야기를 나누면서 쇼핑을 즐기다 카페에 들어갔다. 그런데 카페에서 문득 친구의 몸에서 나는 향기가 바뀌었음을 깨달았다. 처음 만났을 때와 비교하면 차분하고 달콤한 향기였다. 그래서 그 이야기를 하니 친구는 "향수를 뿌리고 5시간 정도 지났으니까 향기가 바뀌었을지도 몰라"라고 말했다.

이미 알고 있는 사람이 있겠지만, 향수의 향기는 시간이 지남에 따라 변화한다. 향수를 뿌린 직후부터 알코올이 날아간 10분 전후에 풍기는 향기를 탑 노트, 그 후 30분~1시간 후의 향기를 미들 노트, 그로부터 2~3시간 후부터 향이 모두 날아갈 때까지 잔향을 라스트 노트라고 한다. 그러므로 향수를 고를 때는 일단 피부에 발라서 향기의 변화를 마지막까지 즐긴 다음에 결정하는 편이 좋을지도 모른다.

기분을 차분하게 만들기도 하고, 식욕이 돋우기도 하고, 어떤 사람이나 사건을 떠올리게도 하는 등 신기한 힘을 지닌 향기. 그런데 향기는 무엇으로 구성되어 있을까? 향기에도 수학이 사용되고 있을까?

향기를 만들어 내는 조향사

향기는 향기의 성분(분자)의 집합이다. 알코올류, 페놀류, 에스테르류 등 수십 가지에서 많을 때는 수백 가지의 성분이 섞여서 하나의 향기를 이룬다. 예를 들어 장미꽃의 향기를 구성하는 성분은 알려진 것만 해도 500종류가 넘는다. 품종이나 산지가 다르면 성분의 종류와 함유량도 달라진다.

사람이 향기를 느끼는 것은 향기의 성분이 콧속에 있는 후각 세포를 자극하기 때문으로 생각되고 있다. 향기의 성분을 조합해 향기를 만들어내는 조향사는 천연 향료와 합성 향료를 합쳐서 1,000종류가 넘는 향료의 향기와 특징을 기억한다고 하니 참으로 놀랍다.

앞에서 향수의 향기는 시간이 지남에 따라 변화한다고 말했는데, 실제로는 향기의 성분이 순서대로 휘발하는 과정에서 향기가 나게 된다. 작고 가벼운 분자는 휘발되기 쉬우므로 이른 시간에, 크고 무거운 분자는 잘 휘발되지 않으므로 늦은 시간에 향기를 내기 시작하는 것이다. 새로운 향수를 만들어 내기 위해서는 향기뿐만 아니라 그 향기의 강도와 지속성 등을 고려하면서 소재를 선택해 배합해야 한다.

배합? 그렇다. 배합하기 위해서는 비율이 필요하다. 요컨대 수학이 필요한 것이다!

📖 ···· **비율이란?**

비교하는 양이 기준량의 어느 정도에 해당하는지를 나타내는 수를 비율이라고 한다. 기준량을 1이라고 했을 때 비교할 양이 얼마에 해당하는지를 나타낸 수가 비율이다.

비율은 다음 식으로 구할 수 있다.

> **비율 = 비교하는 수 ÷ 기준량**

간장 국물 원액 50mL를 물 200mL에 희석했을 경우, 간장 국물에서 차지하는 원액의 비율은 얼마가 될까? 간장 국물은 200+50=250으로 250mL가 생기므로 답은 원액(비교하는 양)을 간장 국물(기준량)로 나눠서 50÷250=0.2가 된다. 이때 기준량은 물이 아니라 간장 국물이라는 점에 주의하자.

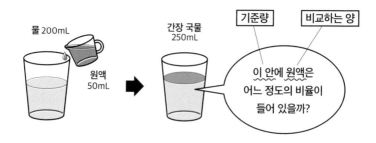

또 비교하는 양, 기준량을 구하는 식은 아래와 같다.

> **비교하는 양 = 기준량 × 비율**
>
> **기준량 = 비교하는 양 ÷ 비율**

간장 국물 300mL에 원액이 0.25의 비율로 들어 있을 경우, 원액의 양은 300×0.25=75로 75mL가 된다. 문제가 "원액 75mL가 0.25의 비율로 들어 있을 때 간장 국물은 몇 mL일까?"일 경우는 75÷0.25=300으로 300mL가 된다.

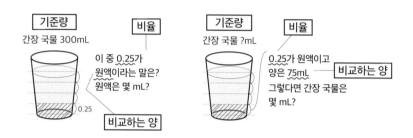

비율을 나타내기 위해 백분율이나 할푼리를 사용할 때가 있다. 백분율의 경우는 비율을 나타내는 0.01을 1%라고 한다. 즉, 비율의 1을 백분율로 나타내면 100%가 된다.

향수는 향료의 원료를 다수 혼합하고 알코올에 녹여서 만든다. 가령 라벤더 정유가 20% 혼합된 향수가 5mL 있을 경우, 라벤더 정유는 5×0.2=1mL 들어 있는 셈이다.

할푼리의 경우는 비율을 나타내는 0.1을 1할, 0.01을 1푼, 0.001을 1리라고 한다. 예를 들어 비율 0.57을 백분율로 나타내면 57%, 할푼리로 나타내면 5할 7푼이다.

비율을 나타내는 소수	1	0.1	0.01	0.001
백분율	100%	10%	1%	0.1%
할푼리	10할	1할	1푼	1리

○○ 선수의 타율은
2할 7푼 4리입니다!

할푼리는 야구의 타율을 나타낼 때 자주 사용된다. 타율은 안타의 총수를 타수로 나눈 값이다. 500타석에서 137안타를 친 선수의 타율은 2할 7푼 4리다.

$$137 \div 500 = 0.274$$

여담이지만, '푼(부)'과 '리'를 나타내는 한자 '分'과 '厘'는 원래 '$\frac{1}{10}$', '$\frac{1}{100}$'을 의미하는데, 이것이 비율을 나타내는 단위로 사용하던 '할'의 $\frac{1}{10}$, $\frac{1}{100}$로 쓰이게 되었다. 그래서 '5부 이자'는 0.05, 즉 5%이지만 "8부 능선을 넘었다"고 할 때의 8부는 8%가 아니라 80%를 의미한다. 혼동하지 않도록 주의하자.

조향사가 하는 일

조향은 어떻게 하는 것일까? 기본적인 방법 중 하나는 골라낸 향료 소재 중에서 먼저 두 가지를 여러 가지 비율로 섞어 보는 것이다.

9:1부터 8:2, 7:3, …과 같은 식으로 말이다. 그래서 이미지에 가장 가까운 비율을 찾아내면 여기에 세 번째 소재를 추가하고 같은 방법으로 최적의 비율을 찾아낸다. 이때 A와 B를 50%씩 섞는다고 해서 A와 B가 대등하게 향기를 내는 것은 아니다. 성분에 따라 향기가 강한 것이나 약한 것이 있고, 섞으면 전혀 다른 향기가 되어 버리는 일도 있기 때문에 주의가 필요하다.

오렌지와 그레이프프루트 정유의 성분을 비교하면 90% 정도는 리모넨이라는 같은 성분으로 구성되어 있다. 리모넨은 감귤류의 껍질이나 과육에 들어 있는 주성분으로, 쾌청한 기분을 불러일으키는 향기로 알려져 있다. 그런데 오렌지의 달콤함이나 그레이프프루트의 씁쓸함 등 각 과실의 향기를 특징짓는 것은 리모넨이 아니라 정유 속에 불과 몇 % 밖에 들어 있지 않은 다른 화합물이라고 한다.

또 인돌이나 스카톨 등의 향기 성분은 분뇨 등에 들어 있으며 단독으로는 매우 불쾌한 냄새로 알려져 있다. 그러나 이 불쾌한 냄새가 조합에는 중요한 요소여서, 재스민의 향기에는 인돌이 꼭 필요하다고 한다. 불쾌한 냄새에는 전체의 볼륨감을 높이는 효과가 있다고 하니 참으로 의외다.

일반적으로 상품에 향기를 부여할 때는 타깃이 되는 소비자의 취향에 맞추면서 상품의 이미지에 맞는 향기를 조합할 필요가 있다. 그런데 '소비자의 취향'을 정의하기가 어려운 것이, 성별이나 연령뿐만 아니라 국가와 지역에 따라서도 향기에 대한 기호가 다르다고 한다. 서양에서는 강하고 개성적인 향기가 사랑 받지만 일본에서는 은은한 향기를 좋아한다.

향기에 대해 사람들이 어떤 이미지를 품고 있는지 조사할 때는 수학의 다변량 해석·주성분 해석 등 통계 해석 수법이 사용된다(행렬 등을 사용한다). 어떤 향기에 대한 이미지를 조사하고 그 결과를 수치화, 그래프화해 해석하는 수법이다.

향료를 추출할 때의 증류 기술의 계산에는 연립 방정식도 사용되며, 냄새의 정도를 수치화한 냄새 지수는 (냄새 지수)=10×log(냄새의 농도)로 로그를 사용해 표현된다. '비율' 외에도 수많은 수학이 사용되고 있는 것이다.

🔍 그 밖의 이용

비율은 일상생활에서도 자주 사용하는 수학이다. 조미료를 섞을 때의 배합, 집안일이나 업무의 시간 배분, 급여나 용돈의 배분 등, 일일이 열거하기도 어려울 만큼 수많은 상황에서 사용된다.

제1교시에서 소개한 미용사도 파마약이나 염색제를 배합할 때 비율을 자주 사용한다. "염색제 A와 B를 4 : 3의 비율로 80g 준비해 주세요." 라는 말을 들었을 때 금방 계산식이 떠올라야 하는 것이다.

그 밖의 업종에서도 화학 계열·농학 계열·재료 계열·의료 계열 등 여러 가지를 '배합'하는 직장에서는 비율의 지식이 필수다.

✏️ 언제 배울까?

한국에서는 초등학교 6학년 1학기 때 비와 비율에 대해 배우고,

6학년 2학기 때 비례식과 비례 배분에 대해 배운다. '비교하는 양'과 '기준량'만 확실히 파악할 수 있으면 그 다음에는 계산만 하면 된다.

과자를 만들 때, 할인 판매하는 물건을 살 때 등 일상생활 속에서 계산을 할 때 이용해 보면 좋을 것이다.

문제 1

어떤 가게에서 할인 판매를 하고 있다. 이때 다음의 질문에 답하시오.

(1) 정가 2만 원인 상품이 2,000원 싸졌다. 몇 % 할인되어 팔리고 있는가?

(2) 정가 3만 원인 상품이 15% 할인되어 팔리고 있다. 얼마에 팔리고 있는가?

206페이지를
참고하도록 해.

거짓인가 진실인가?

집합과 명제

작가

······ 나는 어렸을 때부터 추리 소설을 좋아했다. 학창시절에는 아카가와 지로의 작품 세계에 푹 빠져 정신없이 읽었다. 증거에서 모순을 찾아내거나 말 속에 숨겨진 의미를 읽고 범인을 추측하는 등 열심히 머리를 쓰면서 긴장의 끈을 놓지 않고 즐겁게 책을 읽어 나갔다. 그렇게 논리적으로 수수께끼를 풀어 나가는 것이 추리 소설의 참맛이 아닐까?

추리 소설은 고등학교에서 배우는 집합론과 비슷하다. 그러고 보니 나는 수학의 분야 중에서도 집합론을 정말 좋아했는데, 어쩌면 추리 소설을 좋아하는 성격과 관계가 있는지도 모르겠다.

? ······ 알리바이의 증명은 귀류법?

나의 어머니도 나 못지않게 추리 소설이나 서스펜스 드라마를 좋아하신다. 직장에서 은퇴한 어머니는 낮에 방송되는 서스펜스 드라마를 자주 보신다. 나도 이따금 시간이 나면 어머니와 함께 보는데, 수많

은 서스펜스 드라마를 섭렵한 어머니는 범인을 추리하는 방식에도 익숙
했다.

"저 사람은 범인이 아니야. 8시 정각에 전철을 타고 있었으니 범행을
할 수가 없잖니."

그렇다. 이것은 그야말로 수학적인 사고방식이다.

어머니의 추리 방식은 '저 사람이 범인이라면 모순이 발생한다. 그러
므로 저 사람은 범인이 아니다'라는 논리다. 이와 같이 어떤 예상에 대
해 그것에 모순이 있다면 그 예상은 옳지 않다고 결론을 내려 증명하는
방법을 수학에서는 '귀류법'이라고 한다. 귀류법은 집합의 증명에 사용
되는 수법이다.

집합이란?

집합이란?
어떤 조건을 만족하는 것의 모임을 '집합', 그 집합을 구성하고 있는 것을
원소라고 한다.

'집합'이란 무엇인지 생각해 보자.
집합을 나타낼 때는 '벤다이어그
램'이라는 그림을 자주 사용한다.
벤다이어그램은 집합을 시각화해
알기 쉽게 만들어 준다.

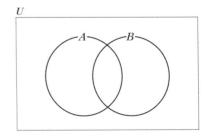

집합 A와 집합 B가 겹친 부분을 'A∩B'(교집합)로 표시하고, 집합 A와
집합 B를 합친 부분을 'A∪B'(합집합)로 표시한다.

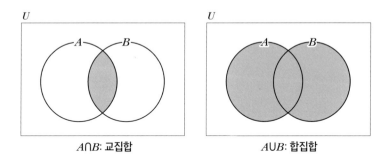

A∩B: 교집합   A∪B: 합집합

실제 집합의 예를 통해 생각해 보자.

예를 들어 한 학급의 학생 40명 중에 집합 A는 키가 150cm 이상인
사람의 집합, 집합 B는 몸무게가 40kg 이상인 사람의 집합이라고 가정
하자. 그러면 집합 'A∩B'는 '키가 150cm 이상, 그리고 몸무게가 40kg
이상인 사람의 집합'이 된다. 그리고 집합 'A∪B'는 '키가 150cm 이상
또는 몸무게가 40kg 이상인 사람의 집합'이 된다.

'∩'는 'and(그리고)', '∪'는 'or(또는)'을 나타낸다. 그렇다면 '키가
145cm이고 몸무게가 38kg인 사람'은 벤다이어그램에서 어디에 들어갈
까? 전체 집합 U 가운데 집합 A에 속하지 않는 원소들의 집합을 A의
여집합이라고 부르고 A^c으로 나타낸다. A^c은 '키가 150cm 이상인 사람'
이외의 사람, 즉 '키가 150cm 미만인 사람'의 집합이다.

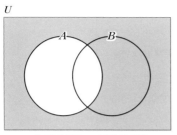

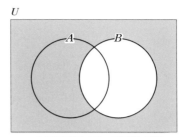

A^c: 키가 150cm 미만인 사람

B^c: 몸무게가 40kg 미만인 사람

B^c는 집합 B의 여집합이므로 '몸무게가 40kg 미만인 사람'을 가리킨다.

'키가 145cm이고 몸무게가 38kg인 사람'은 집합 A에도 집합 B에도 속하지 않으므로 아래의 그림에서 색칠한 부분에 속한다.

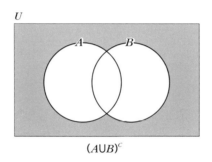

$(A \cup B)^c$

기호가 많이 나와서 어렵게 느껴질지 모르지만, 벤다이어그램을 사용해서 생각해 보면 간단하다. 앞의 학급의 예에서 각각의 집합에 속하는 인원수가 다음의 그림과 같을 때를 살펴보자.

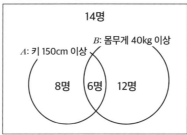

전체 집합 U: 40명

- 키가 150cm 이상인 사람의 수 $n(A)$ ······8＋6＝14명
- 키가 150cm보다 작은 사람의 수 $n(A^c)$ ······40－14＝26명
- 키 150cm 이상 또는 몸무게 40kg ······8＋6＋12＝26명
  이상인 사람의 수 $(A \cup B)$
- 키가 150cm보다 작으면서 몸무게가 ······40－26＝14명
  40kg보다 가벼운 사람의 수 $(A \cup B)^c$

  이 집합의 개념을 조합해서 사물의 진위를 증명해 나가는 방법이 몇 가지 있다. 다양한 증명 방법이 있는데, '귀류법'이나 '대우 증명법'이라고 불리는 것들이다.

귀류법이란?
'$p \rightarrow$(이라면)q'를 증명하기 위해 'p 그리고 $\sim q$'라고 가정하면 모순됨을 보여서 '$p \rightarrow$(이라면)q'가 참임을 증명하는 방법

대우 증명법이란?
'$\sim q \rightarrow \sim p$'가 참임을 보여서 '$p \rightarrow q$'가 참임을 증명하는 방법

먼저, 명제 p와 q가 있다고 가정하자.

(명제란 어떤 판단을 나타낸 문장이나 식으로, 옳은지 그른지를 명확히 구별할 수 있는 것을 의미한다.)

p와 q의 앞에 붙어 있는 '~'는 그 명제를 부정하는 것이다. 참고로 명제 p와 q에 대해 '$p \rightarrow q$'가 성립하는 조건을 표로 나타낸 것을 진리표라고 한다.

◆ **진리표**

p	q	$p \rightarrow q$
참	참	참
참	거짓	거짓
거짓	참	참
거짓	거짓	참

진리표에서 제일 위의 단은 '명제 p가 참(옳음)이고 명제 q도 참이라면 명제 $p \rightarrow q$도 참이다(성립한다, 옳다)'라는 뜻이다. 이 진위는 정의이므로 어떤 경우에도 성립함이 이미 증명된 상태다.

구체적인 예를 통해 생각해 보자.

교통 신호등의 경우, 일본에서는 빨간색 신호등이 멈춤이다. 이에 대해 p'빨간색 신호등'이라면 q'멈춘다'라는 명제를 생각해 보자(단, 이때의 신호는 일반적인 빨간색, 노란색, 파란색의 3색 신호라고 가정한다).

앞의 표에 대입하면,

p 빨간색 신호등	q 멈춘다	$p{\rightarrow}q$ (빨간색 신호등) 이라면 (멈춘다)
참	참	참 …… ①
참	거짓	거짓 … ②
거짓	참	참 …… ③
거짓	거짓	참 …… ④

이 된다.

위에서부터 순서대로 살펴보면,

① '빨간색 신호등'이라면 '멈춘다'이므로 올바르다.

② '빨간색 신호등'이라면 '멈추지 않는다'는 것은 틀렸다.

③ '빨간색 신호등이 아니'라면 '멈춘다'는 것은 파란색 신호등이나 노란색 신호등에서 멈춰도 위반은 아니므로 올바르다.

④ '빨간색 신호등이 아니'라면 파란색 신호등이나 노란색 신호등이므로 '멈추지 않는' 것도 올바르다.

이와 같은 진위의 개념은 여러 분야에서 응용되고 있다.

🔍 그 밖의 이용

p라면 q의 진위는 프로그램의 진위 판정에도 사용된다. 프로그램을 작성할 때 조건으로 '변수 a가 100 이하라면'이나 '변수 a와 변수 b의 값이 같다면' 같이 비교를 통한 결과로 프로그램을 분기시켜서 상황에 맞는 적절한 처리를 유도하는 경우가 있다.

프로그래밍에서는 이렇게 비교 결과가 참인지 거짓인지에 따라 상황을 판단한다. 예를 들어 '변수 a가 변수 b와 같은가 다른가?'를 평가한 결과 같으면 참이라고 부르고 같지 않으면 거짓이라고 부른다. 특히 복잡한 조건이 겹친 프로그램을 단순하게 만들 때 이런 처리를 사용한다.

일상생활에서도 토론이나 교섭을 할 때, 가설을 증명할 때 힘을 발휘한다.

예를 들어 어떻게 하면 고객을 늘릴 수 있을까 고심하는 가게에 "가게 메뉴를 늘리면 고객이 증가한다."라고 제안하고 싶을 경우, 이것을 진리표로 생각하면 p는 '가게 메뉴를 늘린다', q는 '고객이 증가한다'이다.

이때 말할 수 있는 논리는 다음의 네 가지다.

"가게 메뉴를 늘리면 고객이 증가한다." ⇒ 참
"가게 메뉴를 늘리면 고객이 증가하지 않는다." ⇒ 거짓
"가게 메뉴를 늘리지 않으면 고객이 증가한다." ⇒ 참
"가게 메뉴를 늘리지 않으면 고객이 증가하지 않는다." ⇒ 참

두 번째의 "가게 메뉴를 늘리면 고객이 증가하지 않는다."가 거짓이므로 "가게 메뉴를 늘리면 고객이 증가합니다."라고 설득할 수 있다.

또 "사과는 냉장고에 보관하면 오래 보존된다."라는 가설이 옳은지 틀린지를 확인할 경우, 가설에 반하는 것, 즉 '냉장고에 보관하면', '오래 보존되지 않는' 사과가 있는지만 확인하면 된다.

① (오래 보존되지 않는 사과)이고 (냉장고에 보관하는) 것이 있다면 가설에 반한다. ⇒ 확인이 필요

② (오래 보존되는 사과)가 있어도 보존 방법에 상관없이 가설에 반하지 않는다. ⇒ 확인은 불필요

③ (냉장고에 보관한 사과)가 (오래 보존되지 않으면) 가설에 반한다. ⇒ 확인이 필요

④ (냉장고에 보관하지 않은 사과)가 오래 보존되든 보존되지 않든 가설에는 반하지 않는다. ⇒ 확인은 불필요

①과 ③의 두 경우에 대해 가설이 옳은지를 조사하면 되는 것이다. 이것이 바로 논리적으로 상대를 설득해 나가는 기술이다.

✎····· 언제 배울까?

한국에서는 집합과 명제를 고등학교 1학년 때 배우는 수학Ⅱ에서 다룬다. 집합의 분야는 매우 논리적이어서 어떤 의미에서는 '수학다운 수학'이라고 할 수 있을지도 모른다.

집합은 그림으로 나타내면 이해하기 쉽다. 대우 등이 잘 이해되지 않을 때는 "개라면 동물이다." 등 간단한 예로 생각해 보면 좋을 것이다. 집합의 개념에서 이어지는 드모르간의 법칙은 정보 처리 기술자 시험 등에 자주 나온다. 그 분야로 진출하고 싶은 사람은 특히 확실히 공부해 두도록 하자.

문제 1

오른쪽의 표는 실용 수학 기능 검정(수학 검정) 준2급의 1차·2차별 합격률과 종

계급	종류	합격률(%)	종합 합격률(%)
준2급	1차	54.8	33.9
	2차	40.7	

합 합격률(1차·2차 모두 합격한 경우)을 나타낸 것이다. 수학 검정의 경우는 1차·2차 검정을 같은 날 실시한다. 또 1차 면제자, 2차 면제자의 인원수는 생각하지 않기로 한다. 이때 다음 질문에 답하시오.

(1) 1차만 합격한 사람의 비율은 몇 %인가?

(2) 1차와 2차 모두 불합격한 사람의 비율은 몇 %인가?

스타일에
다양한 변화를

경우의 수

💬 ⋯⋯⋯ 나는 사람들의 앞에 서야 하는 아나운서 일을 하고 있으면서도 옷을 코디하는 것이 서투르다. 옷을 협찬 받는 것도 아니기 때문에 대부분의 경우는 가지고 있는 옷으로 코디를 해야 한다.

옷을 무작정 많이 살 수도 없고, 그렇다고 항상 같은 차림으로 다닐 수도 없기 때문에 조합을 다르게 해 가며 어떻게든 이미지를 바꿔 보려고 노력한다. 하지만 센스가 없어서인지 항상 그 옷이 그 옷인 느낌이라 옷장 앞에서 "입을 옷이 없네."라며 한숨을 내쉬곤 한다.

그래서 의류 판매를 하고 있는 스타일리스트 친구에게 의논해 보기로 했다.

❓ ⋯⋯⋯ 한 장으로 여러 가지 코디를

그러자 친구는 내게 숄을 권했다. '색, 소재, 감는 방법에 따라서 여러 가지로 코디를 할 수 있다."는 것이었다. 그렇다. 생각해 보면 확실히 색이나 디자인, 소재, 감는 방법에 따라 인상이 전혀 달라진다. 같은 옷의 조합이라도 숄을 어떻게 감느냐에 따라 다르게 보이게 된다. 역시 스타일리스트는 달랐다.

그런데 코디에 숄을 추가하는 것만으로 얼마나 다양한 스타일을 만들어 낼 수 있을까? 수학의 '경우의 수'를 사용해서 생각해 보기로 했다.

경우의 수란?

어떤 사건에 대해 일어날 가능성이 있는 모든 경우를 셀 때 그 총수를 그 사건이 일어날 '경우의 수'라고 한다.

경우의 수를 구하기 위해서는 먼저 전부 적어서 구하는 방법이 있다. 아래의 그림과 같은 수형도를 그리는 것이다.

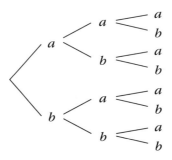

한편 수가 많아서 전부 적기가 어려울 경우는 계산으로 구한다. 경우의 수를 계산할 때 사용하는 법칙으로는 '합의 법칙'과 '곱의 법칙'이 있다.

두 사건 A, B에 대해 A가 일어나는 경우의 수가 m가지, B가 일어나는 경우의 수가 n가지이고 A와 B가 동시에 일어나는 일은 없을 때, A 또는 B가 일어나는 경우의 수는 (m+n)가지가 된다.

두 사건 A, B에 대해 A가 일어나는 경우의 수가 m가지이고 각각의 경우에 대해 B가 일어나는 경우의 수가 n가지일 때, A와 B가 동시에 일어나는 경우의 수는 (m×n)가지가 된다.

예를 들어 크고 작은 두 주사위를 던져서 나온 수의 합이 5의 배수가 되는 경우의 수를 구할 때는 합의 법칙을 사용한다. 나온 수의 합이 5의 배수가 되는 것은 합이 5가 될 경우와 10이 될 경우가 있다. 이 두 가지가 동시에 일어나는 일은 없으므로 각각이 일어날 경우의 수를 구해서 더하면 답이 나온다. (4+3=7가지)

남성 5명, 여성 3명 중에서 남녀 각각 1명씩 위원을 선출할 때 선출 방식의 총수를 구할 경우는 5명 중에서 뽑은 1명의 남성에 대해 각각 여성이 선출되는 가짓수가 3가지다. 그러므로 이 경우는 곱의 법칙을 사용한다. (3×5=15가지)

그리고 이 개념을 더욱 발전시킨 것이 순열과 조합이다. 먼저 순열은 간단히 말하면 '몇 개의 것에 순서를 정해서 한 줄로 나열한 것'이다. 그리고 서로 다른 n개 중에서 r개를 골라서 한 줄로 나열한 것을 n개에서 r개를 택하는 순열이라고 하며 그 총수를 $_nP_r$로 표현한다.

문장으로 읽어서는 잘 이해가 되지 않을 때도 많으니 구체적인 예를 통해 생각해 보자. 서로 다른 4개 중에서 3개를 고르는 순열의 수를 구해 보도록 하겠다.

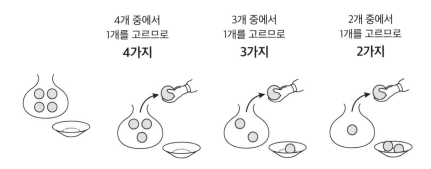

위의 그림과 같이 주머니에 든 공 4개를 한 개씩 꺼내는 모습을 떠올려 보자. 제일 먼저 꺼내는 공의 경우의 수는 4개 중 어떤 공이어도 상관없으므로 4가지다. 두 번째는 남은 3개 중에서 고르므로 3가지, 세 번째는 2가지가 된다. 따라서 곱의 법칙에 따라 $_4P_3 = 4 \times 3 \times 2 = 24$(가지)가 나온다.

이어서 조합을 살펴보자. 순열에서는 고른 것에 순서를 붙여서 한 줄로 나열했지만, 조합의 경우는 순서를 생각하지 않고 꺼내서 만드는 세트만을 생각한다. 즉, 서로 다른 n개의 물건 중에서 r개를 골라서 만든 세트를 n개에서 r개를 택하는 조합이라고 하며, 그 총수를 $_nC_r$로 표현한다.

예제를 통해 생각해 보자. 서로 다른 4개의 물건 중에서 3개를 택할 때의 조합의 수를 구한다. 4개의 물건을 $\{a, b, c, d\}$라고 했을 때의 조합을 생각하면 다음과 같은 4가지 조합이 있다.

$$\{a, b, c\} \quad \{a, b, d\} \quad \{a, c, d\} \quad \{b, c, d\}$$

코디의 가짓수가 늘었다!

코디의 폭을 넓히기 위해 즉시 숄을 구입했다. 아크릴과 울의 두 가지 소재로 각각 밝은 이미지를 주는 흰색과 차분한 핑크색을 하나씩 구입했다. 감는 방법은 스타일리스트 친구에게 세 가지를 배웠다. 어깨에 걸기만 하는 방법, 얼굴 근처에서 묶는 방법, 양 끝을 뒤로 넘기는 방법. 같은 숄이라도 어떻게 감느냐에 따라 인상이 상당히 달라진다. 출퇴근을 할 때, 사적으로 놀러 갈 때 등 상황에 따라 번갈아서 사용할 수 있을 것 같다.

경우의 수를 이용해 몇 종류의 코디가 가능한지 계산해 보자. 먼저 단순히 숄만의 코디를 생각해 보자. 소재가 아크릴과 울의 2종류, 색도 흰색과 핑크색의 2종류, 그리고 감는 방법이 3종류이므로 곱의 법칙을 이용해 $2 \times 2 \times 3 = 12$, 즉 숄만으로 12종류의 코디를 즐길 수 있다. 여

기에 상의가 4벌, 바지가 3벌이라고 하면……12×4×3=144이니 무려 144가지나 되는 코디를 즐길 수 있다는 계산이 나온다! 더는 입을 옷이 없다고 말할 수 없을 것 같다.

이 이야기를 친구에게 전했더니 친구는 "그거 고객에게 코디를 제안할 때 도움이 되겠어! 앞으로는 경우의 수를 구해서 고객에게 제안해 봐야겠네."라며 좋아했다.

♀ ⋯⋯ 그 밖의 이용

경우의 수는 특정한 직업뿐만 아니라 일상생활에서도 많이 사용된다. 그중 하나는 내가 좋아하는 아이스크림의 조합이다. 콘이냐 컵이냐로 시작해 아이스크림의 종류에 토핑까지. 크레이프를 선택할 경우도 마찬가지다. 항상 가게 앞에서 고민에 빠지는데, 선택의 가짓수가 얼마나 되는지 알면 바로 결정하지 못할 때 변명으로 삼을 수 있지 않을까?

그 밖에 냉장고에 있는 재료로 요리를 만들 때의 조합이나 목적지로

갈 때의 경로 패턴, 마작이나 카드 게임에도 경우의 수가 사용된다. 백화점이나 슈퍼마켓에서 한정된 공간에 상품을 배치해야 할 경우는 미리 몇 가지 조합(A그룹에서 1개, B그룹에서 2개 배치 등)이 있는지 계산해 놓으면 원활한 작업이 가능할 것이다.

또한 화학·물리 실험을 할 때나 상품의 검증 테스트를 할 때, '1케이스 10패턴의 테스트를 20가지 환경에서 각각 100회 실시할 경우 총 테스트 수는 2만 회가 된다'고 미리 계산해 놓으면 작업의 규모나 실험 또는 테스트에 필요한 시간을 예측할 수 있다.

여기에 열역학이나 양자 역학처럼 원자와 분자의 움직임을 예측하거나 표현하는 학문에서는 '볼츠만 분포'라는 식이 나온다. 간단히 말하면 '수많은 입자가 각각 지니는 에너지 상태의 분포'를 나타내는 것이다. 이 계산에서는 'N개의 입자를 k개의 에너지 상태로 나누는 경우의 수'가 매우 중요한 역할을 한다.

✏️ ···· 언제 배울까?

한국에서는 경우의 수를 중학교 2학년 2학기 때, 그리고 고등학교 때 '확률과 통계'라는 과목에서 배운다. 확률이나 기댓값으로 연결되는 중요한 분야다.

한마디로 말하면 '세는 것이 전부'인 분야다. 수가 커지거나 다양한 조건이 등장하면 정확히 세기가 매우 어려워지지만, 어쨌든 빠짐없이 중복 없이 세야 한다. 모를 때는 실제로 적어 보는 것도 중요할지 모른다.

문제 1

아래와 같은 4종류의 도넛 가운데 몇 종류를 고르려고 한다. 이때 다음의 질문에 답하시오.

초콜릿 도넛 　크림 도넛 　설탕 도넛 　딸기 도넛

(1) 2종류를 고를 때 고르는 경우의 수는 몇 가지인가?

(2) 3종류를 고를 때 고르는 경우의 수는 몇 가지인가?

질리지 않는 게임

확률

⋯⋯ 예전에 경마 관련 방송의 캐스터를 담당했을 때 방송 감독과 함께 '확률을 이용해 논리적으로 우승마를 예상할 수 있을까?'라는 기획을 한 적이 있다. 말의 혈통과 과거의 레이스 성적, 날씨와 경마장의 상태, 조교(調敎) 상태와 말의 체중, 그날 예시장에서의 말의 컨디션 등 조건이 너무 많아서 계산이 상당히 복잡해지는 바람에 고생했던 기억이 난다.

경마를 비롯해서 복권이나 슬롯머신, 룰렛 등 세상에는 수많은 도박과 게임이 있다. '혹시 다음번에는 돈을 딸 수 있지 않을까?'라는 기대가 우리를 도박에 빠져들게 한다. 돈을 딸 확률이 너무 낮으면 아무도 도전하지 않게 되고, 반대로 너무 높으면 운영이 되지 않는 도박의 세계에서는 확률 계산이 필수다.

이번에는 반드시 레드가 나온다?

카지노는 해외여행의 단골 코스이기도 하다. 라스베이거스의 어느 카지노에도 한 커플이 도박을 즐기러 왔다. 남성은 룰렛 앞에서 좀처럼 자리를 뜨지 못하는 모습이다. "이제 그만 가자."라고 말하는 여성에게 남성은 "지금까지 다섯 번 연속으로 레드에 걸었는데 전부 블랙이 나왔어. 그러니까 이번에는 반드시 레드가 나올 거야!"라고 말했다. 여성은 어이가 없다는 듯이 한숨을 쉬었다.

정말로 이번에는 레드가 나올까? 확률을 사용해 확인해 보도록 하자.

📖 **확률이란?**

'확률'이라는 말은 평소에도 자주 들을 수 있다. 가령 복권이 당첨될 확률, 비가 내릴지 내리지 않을지를 나타내는 강수 확률, 연애가 잘 될지 되지 않을지의 확률……. 요컨대 확률이란, 어떤 사건이 일어날 가능성을 수로 나타낸 것이다. 그리고 실험이나 관측을 '시행'이라고 하며, 그 시행을 실시해서 나온 결과를 '사건'이라고 한다. 주사위를 굴려서 6이 나왔을 경우, 시행은 '주사위를 굴린 것'이고 결과는 '6이 나온 것'이다.

> 확률이란?
> 어떤 사건이 일어날 가능성을 수로 나타낸 것

예를 들어 1~6의 눈이 있는 주사위를 한 번 굴렸을 때 짝수의 눈이

나올 확률을 구해 보자. 먼저 짝수의 눈이 나오는 사건을 A라고 하면
짝수의 눈은 {2, 4, 6}의 3가지이므로 사건 A가 일어날 경우의 수는 3가
지다. 다음으로 주사위를 굴렸을 때 일어날 수 있는 모든 경우의 수를
조사하면 {1, 2, 3, 4, 5, 6}의 6가지다.

이때 사건 A가 일어날 확률 P(A)는,

$$P(A) = \frac{\text{사건 } A \text{가 일어날 경우의 수}}{\text{일어날 수 있는 모든 경우의 수}} \text{로 구할 수 있으므로,}$$

$P(A) = \dfrac{3}{6} = \dfrac{1}{2}$ 가 되어 확률은 $\dfrac{1}{2}$ 임을 알 수 있다.

참고로 짝수 이외의 눈이 나오는 사건은 사건 A가 일어나지 않는 사
건이다. 이와 같은 사건을 A의 여사건이라고 한다. 사건 A가 일어날 확
률을 P라고 하면 A의 여사건이 일어날 확률 P(A^c)는 P(A^c)=1-P(A)로
구할 수 있으며, 이 경우는 P(A^c)=1-$\dfrac{1}{2}$=$\dfrac{1}{2}$이다.

여사건의 확률

$$P(A^c) = 1 - P(A)$$

사건 A가 일어나든 일어나지 않든 사건 B가 일어날 확률이 변하지
않을 때, 사건 A와 사건 B는 '서로 독립'이라고 한다. 마찬가지로 같은
조건 아래서 반복되는 시행의 결과가 서로 영향을 끼치지 않을 경우, 이
런 시행을 '독립 시행'이라고 한다.

가령 주사위의 예에서 주사위를 두 번 굴릴 때 첫 번째에 짝수가 나오
는 시행과 두 번째에 짝수가 나오는 시행은 서로 영향을 끼치지 않는다.

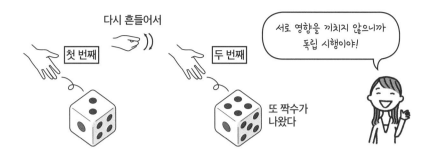

첫 번째에 짝수가 나왔다고 해서 두 번째에 짝수가 나올지 홀수가 나올
지는 알 수 없다. 그러므로 이 두 시행은 독립 시행이라고 할 수 있다.

덧셈 정리
두 사건이 서로 배반사건일 때,
사건 A가 일어날 확률이 a, 사건 B가 일어날 확률이 b일 때,
사건 A 또는 B가 일어날 확률 $\mathrm{P}(A \cup B)$는,
$$\mathrm{P}(A \cup B) = a + b$$

곱셈 정리
두 시행이 독립일 때,
사건 A가 일어날 확률이 a, 연속해서 그 어떤 경우에 대해서도 사건 B가
일어날 확률이 b일 때, A와 B가 함께 일어날 확률 $\mathrm{P}(A \cap B)$는,
$$\mathrm{P}(A \cap B) = ab$$

두 사건 A, B가 동시에 일어나지 않을 때, 두 사건은 서로 배반사건
이라 하고, 배반사건인 두 사건 사이에는 확률의 덧셈 정리가 성립한다.
또 곱셈 정리가 성립한다.

주사위를 한 번 굴렸을 때 1이 나올 확률은 $\frac{1}{6}$, 3이 나올 확률도 $\frac{1}{6}$ 이다. 이때 1 또는 3이 나올 확률은 각각의 확률을 더해서 $\frac{1}{6}+\frac{1}{6}=\frac{2}{6}$ $=\frac{1}{3}$이다. 이것이 덧셈 정리다.

카드 5장 중에 조커가 2장 들어 있을 때, A와 B의 두 사람이 순서대로 카드를 뽑았는데 두 사람 모두 조커를 뽑을 확률을 구해 보자. 단, 뽑은 카드는 다음 사람이 뽑기 전에 다시 카드 더미에 넣고 섞는다고 가정한다. 그러면 A가 조커를 뽑을 확률은 $\frac{2}{5}$, B가 조커를 뽑을 확률도 $\frac{2}{5}$다. 따라서 두 사람이 모두 조커를 뽑을 확률은 $\frac{2}{5}\times\frac{2}{5}=\frac{4}{25}$가 된다. 이것이 곱셈 정리다.

참고로 뽑은 카드를 다시 섞지 않을 경우는 독립 시행이 되지 않으니 주의하기 바란다. 첫 번째의 결과에 따라 두 번째에 조커를 뽑을 확률이 달라지기 때문이다.

⦾ ⋯⋯ 도박사의 오류

그러면 앞에서 룰렛을 하던 남성의 경우를 확률적으로 생각해 보자. 룰렛에서 레드가 나오는 사건과 블랙이 나오는 사건은 서로 그전에 무엇이 나오느냐에 좌우되지 않는 '독립'된 사건이다. 요컨대 과거에 블랙이 많이 나왔든 레드가 나오지 않았든 아무런 상관이 없다는 말이다. 매회의 시행에서 레드가 나올지 블랙이 나올지의 확률은 어디까지나 레드 아니면 블랙, 즉 $\frac{1}{2}$이다. 그렇다. '블랙이 계속 나왔으니 이번에는 반드시 레드!'라는 남성의 주장은 확률적으로 생각하면 틀린 것이다.

레드와 블랙 모두
확률은 $\frac{1}{2}$입니다!

룰렛은 도박 중에서도 가장 수학의 확률을 적용할 수 있는 게임이다. 남성은 5회 계속해서 블랙이 나왔으니 다음에는 레드가 나올 것이라고 주장했다. 분명히 룰렛 같은 게임은 과거의 결과에 따라 '이번에는 분명히!'라고 생각하게 만드는 마력이 있다. 이렇게 자기도 모르는 사이에 돈을 거는 사람이 착각을 일으켜 선택지를 좁히는, 언뜻 '옳다'고 생각하게 만드는 도박의 함정을 '도박사의 오류'라고 한다.

이와 같은 믿음이 있기에 사람들은 도박을 좀처럼 멈추지 못한다. 그러나 독립 시행의 의미를 안다면 과거의 결과에 현혹되지 않고 예상할 수 있게 되어 조금은 유리해질지도 모른다. 어쨌든 '도박은 적당히'이지만⋯⋯.

똑같은 발상으로 경품 추첨에 관해서도 생각해 보자. 슈퍼마켓 등에서 추첨함에 손을 넣어 직접 제비를 뽑는 경품 추첨의 경우, 앞사람이 당첨 제비를 뽑으면 왠지 손해를 본 것 같은 느낌이 들지 않는가? '좀 더 일찍 뽑았다면 당첨될 확률이 높아지지 않았을까?'라는 생각이 들지 않는가? 이것은 옳은 생각이지만, 사실은 앞사람이 당첨 제비를 뽑았는지 꽝을 뽑았는지 알지 못할 경우는 유불리가 없다.

제비 10장 중에 당첨 제비가 한 장 들어 있었다고 가정하자. 처음 제비를 뽑은 사람이 당첨될 확률은 $\frac{1}{10}$이다. 그렇다면 다음에 뽑을 사람이 당첨될 확률은 얼마일까?

처음 뽑은 사람이 당첨 제비를 뽑았을 경우 상자 속에 남아 있는 당첨 제비는 0장이므로 당첨될 확률은 0이다. 그러나 첫 번째 사람이 꽝을 뽑았다면 다음 사람이 당첨 제비를 뽑을 확률은 $\frac{1}{9}$이다. 여기에서 '그러면 나중에 뽑는 쪽이 당첨될 확률이 높은 거야?'라는 생각이 들 수도 있지만, 다음 사람이 당첨을 뽑으려면 반드시 첫 번째 사람이 꽝을 뽑아야 한다. 첫 번째 사람이 꽝을 뽑을 확률은 $\frac{9}{10}$이다.

첫 번째 사람이 제비를 뽑는 사건과 다음 사람이 제비를 뽑는 사건은 서로 독립이므로 두 번째 사람이 당첨 제비를 뽑을 확률은,

$$\frac{9}{10} \times \frac{1}{9} = \frac{9}{90} = \frac{1}{10}$$

이 된다. 어라? 처음에 제비를 뽑은 사람과 당첨될 확률이 같아졌다. 세 번째 이후에 뽑을 사람도 같은 방법으로 계산할 수 있다. 요컨대 제비 뽑기는 언제 뽑든 당첨될 확률이 같은 것이다.

흔히 말하는 "마지막으로 남은 것에는 복이 있다."는 확률적으로는 착각인 셈이다.

♀ ⋯⋯ 그 밖의 이용

확률의 실용례라고 하면 여러 가지가 떠오를 것이다. 게임 크리에이터가 일할 때도 확률이 중요하다. 우리가 자기도 모르게 게임에 빠지는 이유는 난이도가 적절하기 때문이다. 너무 쉬워도 금방 질려 버리고, 너무 어려우면 짜증이 나게 된다. 사용자가 질리지 않을 정도로 게임의 난이도를 설정해야 하는데, 이때 확률의 기댓값을 사용하면 적당한 난이도로 설정할 수 있다.

또한 우리는 만일의 사태에 대비해서 생명 보험이나 손해 보험에 가입하는데, 이런 보험이나 연금을 취급하는 회사에서도 확률이 필수다. 우리는 보험 계약을 할 때 환급금이 많고 보장이 두터우면서 보험료는 가급적 적게 내는 상품을 고르려 한다. 한편 보험 회사는 보험료가 높으면서 환급금은 가급적 적은 상품을 만들고 싶은 것이 본심이다. 고객만 이익을 봐서 보험 회사가 파산해서는 큰일이며, 반대로 보험료가 너무 높아서 고객이 모이지 않아도 회사를 경영할 수가 없다. 그렇다면 대체 어느 정도의 보험료를 설정해야 회사의 경영도 유지되고 고객도 만족시킬 수 있을까? 이것을 생각할 때 확률이 큰 도움이 된다.

여러분은 '보험 계리사'라는 직업을 알고 있는가? 제10교시에서도 잠시 언급했지만, 보험 회사나 신탁 은행에서 보험이나 연금 업무에 종사하는 수학 전문가다. 보험 회사에서는 신상품의 설계나 보험료 또는 배당 계산 등의 일을 한다. 그 보험 계리사들이 미래의 리스크 확률 등을 자세히 계산해 양쪽에 가장 이익이 되는 균형 잡힌 보험료와 환급금을 계산하는 것이다.

보험 계리사 자격은 취득하기가 매우 어렵다. 확률 통계의 지식은 물론이고 보험 업무와 법률에도 정통해야 한다. 확률에 흥미가 있는 독자 여러분은 도전해 보기 바란다.

그 밖에도 확률은 다양한 상황에서 사용된다. 우리가 매일 보는 일기 예보에는 '강수 확률'이 반드시 나온다. 강수 확률이란 어떤 특정 지역에서 일정 시간 내에 1mm 이상의 비 또는 눈이 내릴 확률의 평균값으로, 과거의 대기 상태와 그때의 강우 상황을 조사한 다음 수치 예보라는 수법을 이용해 비가 내릴 확률을 구한다.

✎ ···· 언제 배울까?

한국에서는 확률을 중학교 2학년 2학기 때, 그리고 고등학교 때 확률과 통계라는 과목에서 배운다. 일설에 따르면 중세의 귀족이 도박에서 승리하기 위해 연구한 것이 기원이라고도 하는 확률은 일상 속에서도 자주 사용되기 때문에 비교적 거부감 없이 공부할 수 있는 분야다. 그 밖의 이용에서도 이야기했듯이 실제 업무에서 사용할 때도 많아서, 확률 통계의 전문성을 살려 확률 통계 전문 회사를 설립한 사람도 있을 정도다. 수학의 다른 분야는 서툴러도 확률 통계만큼은 잘하는 사람도 있다. 부디 흥미를 갖고 몰두해 보기 바란다.

문제 1

A와 B가 가위바위보를 한다. A가 바위, 가위, 보를 낼 확률은 각각 $\frac{1}{3}$, $\frac{2}{9}$, $\frac{4}{9}$이며, B가 바위, 가위를 낼 확률은 각각 $\frac{1}{2}$, $\frac{1}{6}$이다. 이때 다음의 질문에 답하시오.

(1) B가 보를 낼 확률을 구하시오.

(2) A와 B가 가위바위보를 1회 했을 때 무승부가 될 확률을 구하시오.

인기 상품의
품절을 막아라

ABC 분석

드럭스토어 점장

💬 ⋯⋯ 나는 홈센터나 드럭스토어, 편의점을 거의 매일 이용하는데, 그럴 때마다 방대한 품목을 취급하는 소매업에 종사하는 분들은 참 힘들겠구나 하는 생각을 한다. 잘 팔리는 상품은 품절이 되지 않도록 신경 써야 하고, 그러면서도 재고는 가급적 최소한으로 유지해야 하기 때문이다. 수많은 상품 중에서 무엇이 잘 팔릴지는 경험으로 알 수 있을 때도 있지만, 수학을 이용하면 경험이 없는 사람도 좀 더 정확한 분석을 할 수 있다.

❓ ⋯⋯ 원하는 상품이 없다!

어느 드럭스토어에서 손님이 점원에게 묻는다.

"비타민B 영양제는 어디 있나요?", "네? 또 품절이에요? 저번에 왔을 때도 품절이었잖아요. 비타민D는 잔뜩 있는데⋯⋯ 다른 가게에 가서 사야겠네요."

고객의 수요에 맞춰 상품을 준비하지 않으면 이렇게 모처럼 찾아온 고객을 놓치게 될 수 있는데, 인기 상품과 그렇지 않은 상품을 파악할 수 있다면 효율적인 발주가 가능할 것이다. 이럴 때는 ABC 분석이라는 분석 방법이 도움이 된다.

📖 ABC 분석이란?

ABC 분석이란 무엇일까?

> ABC 분석이란?
> 전체에서 차지하는 비율이 높은 것부터 순서대로 데이터를 나열한 다음 일정 비율을 기준으로 구분하고 항목에 A, B, C의 등급을 부여해 대처 방법을 궁리하거나 파레토 차트를 이용해 중요도를 분석하는 방법

간단한 예를 살펴보자.

어떤 1,000원짜리 상품 P, Q, R, S, T가 있다. 이 상품의 매출액, 구성비, 누계 구성비는 아래의 표와 같다.

◆ **상품 P, Q, R, S, T의 매출액을 기준으로 한 구성비**

판매 순위	품명	매출액	구성비	누계 구성비
1	P	50만 원	33.3%	33.3%
2	Q	40만 원	26.7%	60.0%
3	R	30만 원	20.0%	80.0%
4	S	20만 원	13.3%	93.3%
5	T	10만 원	6.7%	100.0%
합계	–	150만 원	100.0%	–

먼저 ABC 분석에서는,

---

1. 상품을 잘 팔리는 순서대로 나열한다

매출액 혹은 판매량 등 기준이 되는 값은 목적에 따라 달라진다. 여기에서는 매출액을 기준으로 삼는다.

2. 상품이 매출에서 차지하는 비율(구성비)을 계산한다

예: 상품 P의 구성비

$500,000 \div 1,500,000 \times 100 = 33.3(\%)$

3. 구성비를 위에서부터 순서대로 더해서 누계 구성비를 계산한다

제일 밑에 있는 상품까지 다 더하면 100%가 될 것이다.

위 순서로 데이터를 정리한다.

다음에는 누계 구성비에 주목해서 상위 70~80%는 A등급, 80~90%는 B등급, 90~100%는 C등급과 같이 데이터를 A, B, C등급으로 분류한다. 이때 지표가 되는 비율은 어디까지나 기준이므로 상품에 따라 변경한다.

위의 데이터의 경우, 70%까지를 A등급, 80%까지를 B등급, 나머지를 C등급으로 분류해 보면 다음과 같다.

◆ 상품 P, Q, R, S, T의 매출액을 기준으로 한 ABC 분석 결과

판매 순위	품명	매출액	구성비	누계 구성비	결과
1	P	50만 원	33.3%	33.3%	A등급
2	Q	40만 원	26.7%	60.0%	
3	R	30만 원	20.0%	80.0%	B등급
4	S	20만 원	13.3%	93.3%	C등급
5	T	10만 원	6.7%	100.0%	
합계	–	150만 원	100.0%	–	

P와 Q는 인기 상품이니까 재고가 떨어지지 않도록 해야 해!

상품 P, Q가 A등급, 상품 R이 B등급, 상품 S, T가 C등급으로 분석되었다. 이 분석을 참고로 각 상품의 구비 방식 등을 검토한다.

또한 ABC 분석 결과를 수량을 나타내는 막대그래프와 누적 비율을 나타내는 꺾은선그래프를 조합한 파레토 차트(아래의 그림 참조)라는 도표에 표시하면 상황을 한눈에 알 수 있게 된다.

◆ 파레토 차트

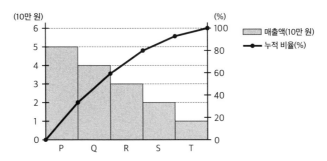

ⓘ⋯⋯ 무엇이 인기 상품일까?

그러면 이 ABC 분석을 이용해 드럭스토어의 영양제를 분석해
보자.

이 드럭스토어에는 비타민 A, B, C, D와 철분, 아미노산, 엽산까지 7
종류의 영양제가 있다. 먼저 과거 1개월 동안 매출액이 많은 순서대로
표에 정리한다. 다음에는 그 옆에 각 상품이 전체 매출에서 차지하는
비율(구성비)을 적고 위에서부터 순서대로 더해 누계 구성비를 적어 넣
는다.

◆ 영양제의 매출액을 기준으로 한 구성비

상품 순위	품명	매출액(원)	구성비	누계 구성비
1	비타민B	750,000	20.1%	20.1%
2	엽산	738,000	19.8%	39.9%
3	비타민C	610,000	16.3%	56.2%
4	철분	588,000	15.8%	72%
5	비타민A	420,000	11.2%	83.2%
6	비타민D	350,000	9.4%	92.6%
7	아미노산	276,000	7.4%	100%

이 표에서 A등급을 누계 구성비 70%까지, B등급을 85%까지, 나머
지를 C등급으로 ABC 분석을 실시해 보면 다음과 같다.

◆ 영양제의 매출액을 기준으로 한 ABC 분석 결과

상품 순위	품명	매출액(원)	구성비	누계 구성비	결과
1	비타민B	750,000	20.1%	20.1%	A
2	엽산	738,000	19.8%	39.9%	
3	비타민C	610,000	16.3%	56.2%	
4	철분	588,000	15.8%	72%	B
5	비타민A	420,000	11.2%	83.2%	
6	비타민D	350,000	9.4%	92.6%	C
7	아미노산	276,000	7.4%	100%	

비타민B는 A등급으로 가장 매출이 많은 영양제이므로 재고를 많이 준비할 필요가 있었다. 반대로 비타민D는 C등급이므로 그다지 많은 재고를 보유하지 않아도 될 듯하다.

먼저 분석 결과를 참고해 A등급인 비타민B, 엽산, 비타민C가 품절되지 않도록 하면 고객의 반응도 가게의 매출도 달라질 것이다.

그 밖의 이용

ABC 분석은 재고 관리 이외에도 폭넓게 이용되고 있다. 품질 관리, 생산 관련, 물류·창고 관련, 판매·마케팅 분야 등에 이름만 다를 뿐 기본적으로는 똑같은 분석 방법이 많이 있다. 가게나 기업의 매출을 늘리기 위해서도, 공장 등에서 비효율을 줄이기 위해서도 ABC 분석이 사용된다.

기업 등의 고객 관리에서는 모든 고객을 구입액이 많은 순서대로 나열해 분석함으로써 방문을 늘려 적극적으로 영업해야 할 고객, 방문 횟수를 유지하면서 거래를 지속해야 할 고객, 방문할 필요 없이 전화나 이메일로 영업해도 되는 고객 등으로 구분해 영업 활동의 효율화를 꾀할 수 있다. 이 경우 A등급의 고객은 기업에 중요한 이른바 충성도 높은 고객이 된다.

또한 음식점 등에서 메뉴를 리뉴얼하고 싶을 경우는 주문수를 기준으로 모든 메뉴를 ABC 분석하면 바꿔야 할 메뉴가 보이게 된다. 빵집이나 케이크 가게, 과자 가게 등 항상 새로운 메뉴를 제공해야 하는 가게도 마찬가지다. '메뉴를 리뉴얼했더니 매출이 줄어드는' 상황도 방지할 수 있을 것이다.

그 밖에 가계부의 지출을 줄이기 위한 분석에도 이용할 수 있다.

다만 ABC 분석을 할 때 주의해야 할 점이 있다. 데이터는 과거의 매출 데이터이며 분석 결과도 어디까지나 과거의 실적이라는 점이다. 앞으로 무엇을 주력 상품, 육성 상품으로 삼을지는 신중한 검토와 통찰이 필요하다. 또 매출액이 크다고 해서 반드시 이익을 많이 내는 상품은 아니므로 매출 총이익을 중심으로 한 분석 등도 아울러 실시하면 좋을 것이다.

 ### 언제 배울까?

한국에서는 중학교나 고등학교에서 ABC 분석을 따로 배우지는 않는다. 그러나 분석을 하려면 기초가 되는 분수·소수를 이용한 비율 계산을 할 줄 알아야 한다. 기초적인 부분이지만 확실히 익혀 두도록 하자. 소매업이 아니라 다른 분야에서도 어떻게 해야 낭비를 줄이고 효율적으로 일을 진행할 수 있을지 분석할 때 ABC 분석을 응용할 수 있다. 가령 여러분이 용돈을 어디에 쓰고 있는지를 ABC 분석으로 분석해 보면 의외의 발견을 하게 될지도 모른다. 부디 다양한 상황에서 사용해 보기 바란다.

문제 1

어느 생명 보험 회사의 사원이 생명 보험료를 결정하기 위해 일본인의 사망 원인을 조사했다. 그 결과 사고가 3.4%, 암이 29.5%, 뇌혈관 질환이 10.3%, 심장 질환이 15.8%, 폐렴이 9.9%, 기타가 31.1%였다.
위의 사망 원인 가운데 그 비율이 0% 이상 10% 미만인 것을 C등급, 10% 이상 20% 미만인 것을 B등급, 20% 이상인 것을 A등급으로 등급을 부여하시오. (단, 기타는 포함시키지 않는다.)

제**1**교시 20p

　문제1 (답) (1) 141.3cm 　(2) 40회전

제**2**교시 29~30p

　문제1 (답) (1) 81.7점 　(2) 81점
　문제2 (답) ④, ⑥, ⑦, ⑧

제**3**교시 38~39p

　문제1 (답) (1) 90분　(2) 70분

제**4**교시 46p

　문제1 (답) 6

제**5**교시 55p

　문제1 (답) 선대칭 도형: ②, ③, ⑤ 　점대칭 도형: ⑤, ⑦

제**6**교시 65p

　문제1 (답) (1) ③ 　(2) ❶과 ❸

제**7**교시 75~76p

　문제1 (답) 106mm
　문제2 (답) (1) $2\sqrt{2}$cm 　(2) $2\sqrt{3}$cm 　(3) $2\sqrt{3}$cm²

제**8**교시 86p

　문제1 (답) (1) 955ft 　(2) 364ft

제**9**교시 98p

　문제1 (답) (1) $10111_{(2)}$ (2) 21

제**10**교시 108p

　문제1 (답) -2

　문제2 (답) 첫 항이 1, 공차가 0인 등차수열

　　　　　　첫 항이 1, 공비가 1인 등비수열

제**11**교시 117p

　문제1 (답) (1) $3x^2+1$ (2) 4

제**12**교시 127p

　문제1 (답) (1) $2x^3-x^2+x+C$(C는 적분 상수)   (2) 18

제**13**교시 136p

　문제1 (답) $\dfrac{3}{2}$

　문제2 (답) 2^9KB

제**14**교시 145p

　문제1 (답) (1) 37.5cL   (2) 1,600병

제**15**교시 154p

　문제1 (답) 1

　문제2 (답) $x=3$

제16교시 164p

문제1 (답) (4, 3)

문제2 (답) 5

제17교시 174p

문제1 (답) $\vec{b} - 2\vec{a}$

문제2 (답) (2, 6, -12)

제18교시 184p

문제1 (답) $\begin{pmatrix} -2 & -1 \\ 3 & 2 \end{pmatrix}$

제19교시 194p

문제1 (답) $2i$

문제2 (답) $\dfrac{1}{\sqrt{2}} + \dfrac{1}{\sqrt{2}} i$

제20교시 203p

문제1 (답) $a_1 = 1$, $a_2 = -1$, $a_{n+2} = a_n - a_{n+1}$

제21교시 211p

문제1 (답) (1) 10% 할인 (2) 2만 5,500원

제22교시 221p

문제1 (답) (1) 20.9% (2) 38.4%

제**23**교시 229p

문제1 **(답)** (1) 6가지 (2) 4가지

제**24**교시 239p

문제1 **(답)** (1) $\dfrac{1}{3}$ (2) $\dfrac{19}{54}$

제**25**교시 247p

문제1 **(답)** A…암

  B…뇌혈관 질환, 심장 질환

  C…폐렴, 사고

이 도서의 국립중앙도서관 출판시도서목록(CIP)은 서지정보유통지원시스템(http://seoji.nl.go.kr)과
국가자료공동목록시스템(http://www.nl.go.kr/kolisnet)에서 이용하실 수 있습니다.
(CIP제어번호 : CIP2016017906)

수학으로 일하는 기술
일하는 수학

초판 1쇄 발행 2016년 8월 29일
8쇄 발행 2024년 5월 24일

지은이 시노자키 나오코
옮긴이 김정환
감수자 이태학

발행처 타임북스
발행인 이길호
편집인 이현은
편 집 이호정 · 최예경
마케팅 이태훈 · 황주희
디자인 윤지은
제 작 최현철 · 김진식 · 김진현 · 심재희

타임북스는 ㈜타임교육C&P의 단행본 출판 브랜드입니다.
출판등록 2020년 7월 14일 제2020-000187호
주 소 서울특별시 강남구 봉은사로 442 75th Avenue빌딩 7층
전 화 02-590-6997
팩 스 02-395-0251
전자우편 timebooks@t-ime.com

ⓒ 2023 Shinozaki Naoko
ISBN 978-89-286-3678-5 (03410)
CIP 2016017906